橡胶树死皮及其防治
技术研究

王真辉　袁　坤　谢贵水　主编

中国农业出版社

北　京

图书在版编目（CIP）数据

橡胶树死皮及其防治技术研究／王真辉，袁坤，谢贵水主编.—北京：中国农业出版社，2021.12
ISBN 978-7-109-29276-5

Ⅰ.①橡… Ⅱ.①王… ②袁… ③谢… Ⅲ.①橡胶树—病害—防治 Ⅳ.①S763.741

中国版本图书馆 CIP 数据核字（2022）第 052900 号

中国农业出版社出版

地址：北京市朝阳区麦子店街 18 号楼
邮编：100125
责任编辑：李 蕊 王黎黎 黄 宇
版式设计：杨 婧 责任校对：沙凯霖
印刷：北京中兴印刷有限公司
版次：2021 年 12 月第 1 版
印次：2021 年 12 月北京第 1 次印刷
发行：新华书店北京发行所
开本：700mm×1000mm 1/16
印张：13.75
字数：300 千字
定价：50.00 元

作 者 简 介

王真辉，博士，研究员，硕士生导师，1972 年生。主要从事橡胶树死皮发生机理与防控技术研究。先后主持和参与了国家自然科学基金、天然橡胶产业技术体系、省部级科研项目 20 余项。发表 SCI、中文核心期刊论文 100 余篇。获国家发明专利 5 项、实用新型专利 10 余项。

袁　坤，博士，副研究员，硕士生导师，1979 年生。主要从事橡胶树死皮发生机理与防控技术研究。先后主持和参与了海南省重点研发计划、海南省自然科学基金、国家自然科学基金项目 10 余项。以第一作者和通讯作者发表 SCI 等论文 22 篇。以第一发明人授权国家发明专利 1 项、实用新型专利 5 项。

　　谢贵水，博士，研究员，副所长，硕士生导师，1967 年生。长期从事橡胶树栽培与生态研究。承担国家级和省部级科研项目近 30 项，取得成果 8 项。发表学术论文 50 余篇，参与出版专著、教材 3 部，参与编制标准 2 项。曾获海南省第四届青年科技奖、海南省第六届青年"五四"奖章及海南省高校工委优秀共产党员等称号。

编 委 会

天然橡胶是关系国计民生和国家安全的重要战略物资。天然橡胶主要来源于巴西橡胶树乳管细胞中的胶乳,生产上通过割胶的方式获取胶乳。正常情况下,橡胶树割胶后整个割线均有胶乳排出。然而由于过度割胶或乙烯利刺激以及其他外部逆境的影响,一些橡胶树在割胶后其割线上胶乳流出不顺畅、断断续续,严重时甚至完全没有胶乳排出,即发生所谓的死皮。橡胶树死皮是割胶后出现的一种割面症状,表现为割胶后割线局部或全部不排胶。橡胶树死皮在世界各植胶国普遍发生,导致严重的经济损失。我国是橡胶树死皮发生率最高的国家之一,死皮已成为严重制约我国天然橡胶产业高产稳产的主要因子之一,是天然橡胶产业亟需解决的重大难题。揭示橡胶树死皮发生机制、研发高效死皮防治技术、突破死皮防治的瓶颈对于促进天然橡胶稳产增收、确保我国天然橡胶战略物资安全和产业持续健康发展具有重要意义。

由于橡胶树死皮危害严重,各植胶国都十分重视对橡胶树死皮的研究。多年来,围绕橡胶树死皮发生机制与防治技术,各国学者开展了大量研究工作,取得了一定进展。笔者团队一直从事橡胶树死皮发生机理解析和死皮防治技术研发工作,在橡胶树死皮发生机制与防治技术等方面取得了一系列重要研究成果。鉴于当前橡胶树死皮高发、危害严重,而基层农业管理部门和广大农技人员及胶工对橡胶树死皮缺乏认知和了解,急需一本权威图书来系统介绍橡胶树死皮发生及其防治技术。为此,我们在多年从事橡胶树死皮研究的基础上,编写了本书。全书分为三篇,共十章。第一篇为橡胶树死皮研究进展,用4个章节(第一至四章)系统介绍了橡胶树死皮的概念、类型、危害、国内外发生概况及在死皮发生机理与防治技术方面的研究进展。第二篇（第五至八章）详细介绍了我国主要植胶区死皮发生情况，并全面总结了笔者团队在橡胶树死皮发生与恢复细胞学、生理及分子生物学方面的研究工作。第三篇（第九和十章）系统阐述了如何通过合理的割面规划与调整预防死皮发生以及橡胶树死皮康复综合技术的研发、试验示范及推广应用情况。

本书是对国内外橡胶树死皮研究成果的系统梳理，也是对我们长期从事橡胶树死皮发生机理与防治技术研究的全面总结。既有科学理论知识，又有成熟实用、可操作的技术方法，适合从事橡胶树研究的科研人员、胶农、农场管理人员、农技人员及农业院校相关专业的广大师生阅读参考。希望此书能够引起天然橡胶相关从业者对橡胶树死皮的重视，科学合理防治死皮，降低由死皮导致的产量和经济损失，为我国天然橡胶产业持续健康发展作出贡献。

本书借鉴和参考了大量国内外学者有关橡胶树死皮方面的论文资料和研究成果，对于书中引用文献的作者难以一一列出，在此一并表示诚挚的感谢。衷心感谢国家天然橡胶产业技术体系、海南省重点研发计划、中央级公益性科研院所基本科研业务费专项资金等对相关研究工作的资助，同时感谢曾经指导、支持、帮助及参与相关研究工作的所有单位、领导及个人。在本书编写过程中，中国热带农业科学院橡胶研究所和中国农业出版社等单位对本书的编著、出版等给予了大力支持和精心指导，在此表示衷心的感谢！由于笔者水平有限，书中难免存在不足和疏漏之处，敬请广大读者及专家批评指正。

编　者

2021 年 11 月

前言

第一篇　橡胶树死皮研究进展

第二篇　橡胶树死皮发生与恢复机理研究总结

橡胶树死皮研究进展

第一篇 / 01

第一章 橡胶树死皮的概念、类型及危害

一、橡胶树死皮的概念

天然橡胶与石油、煤炭、钢铁并称四大工业原料，是关系国计民生和国家安全的重要战略物资。因其具有良好的弹性、可塑性、绝缘性、耐磨性等合成橡胶无可比拟的综合性能，在国民经济和国防关键领域具有不可替代的作用。天然橡胶主要来源于巴西橡胶树（*Hevea brasiliensis* Muell. Arg.，以下简称橡胶树）。橡胶树是大戟科（Euphorbiaceae）橡胶树属（*Hevea*）重要的热带经济林木。2019 年全球橡胶树种植面积为 1 538.0 万 hm²，产量为 1 393.2 万 t。种植面积位居前六位的国家依次是印度尼西亚、泰国、中国、马来西亚、越南和印度。我国属于非传统植胶区，植胶区域有限，全国种植面积约 114.7 万 hm²，主要分布在云南、海南和广东。同时，我国是世界最大的天然橡胶消费国，年消费量约占全球的 40%。2019 年全国天然橡胶消费量约 555 万 t，但我国的产量仅为 81.2 万 t，自给率不足 15%（莫业勇和杨琳，2020）。如何进一步提高我国天然橡胶产量以保障天然橡胶战略物资的安全和稳定供给已成为国家重大战略需求。

天然橡胶主要来自橡胶树乳管细胞中的胶乳。生产上通过割胶〔采用特制的工具（胶刀）从橡胶树树干切割树皮，使胶乳从割口处流出〕的方式获取胶乳。正常情况下，橡胶树割胶后几乎整个割线部位都有胶乳流出。然而，由于种种原因，一些橡胶树割胶后割线上胶乳流出断断续续，严重时甚至完全没有胶乳排出，即所谓的死皮。橡胶树死皮是割胶后出现的一种割面症状，表现为割胶后割线局部或全部不排胶。其中，割线局部不排胶的具体症状有内缩（外无）、外排（内无）、中无、点状排胶等。死皮是我国的一种习惯性说法，有的也称"死皮病"，英文常用"Tapping Panel Dryness"表示，简称"TPD"，中文译为"割面干涸"。橡胶树死皮是一种复杂的生理综合征，成因十分复杂，发生发展规律及发生机制仍在研究中。

二、橡胶树死皮的类型

根据死皮橡胶树割线上是否出现褐斑，可分为褐斑型和非褐斑型两种类

型。由强割及乙烯利过度刺激采胶引起的死皮属于非褐斑型。褐斑型死皮一般称为褐皮病，其症状为割面树皮或割线以下的原生皮层出现明显的褐斑，根据病灶发生的类型和危害的严重程度，分为外褐型、内褐型和稳定型三种。

根据死皮发生过程是否可逆，表现为具有组织坏死症状和不具组织坏死症状。前者通常发生在常规割胶情况下，其割线处树皮变褐。在具有树皮坏死症状的死皮树中有相当多的一部分属于树干韧皮部坏死。树干韧皮部坏死属于坏死性死皮，发生后不可逆，再生的树皮同样患病。这类死皮主要发生在非洲地区，占当地总死皮率的 $80\%\sim99\%$，但在中国的发生率较低，对生产构成的威胁不大。而后者在我国被习惯称为割面干涸。割面干涸是我国天然橡胶生产中主要的死皮类型，属于非坏死性死皮，其发生过程是可逆的，通过停割、减刀、阳刀转阴刀割胶以及施用微量元素等措施可部分或全部恢复产排胶能力。

根据有无致病菌，死皮分为病理性死皮和生理性死皮两种类型。病理性死皮由病原微生物侵染引起的；生理性死皮主要是由强割或强乙烯利刺激引起的。生理性死皮分为可逆型和不可逆型两类，即活性氧类死皮（Reactive Oxygen Species TPD，ROS-TPD）和褐皮类死皮（Brown Bast TPD，BB-TPD）。ROS-TPD 是因乳管内活性氧过量造成的，是可逆的。BB-TPD 是在 ROS-TPD 的基础上进一步恶化，最终组织变形、褐变而不可逆。我国的橡胶树死皮主要是生理性死皮，对其进行有效的防治是当前和今后一段时间橡胶树死皮防治工作的重点。

三、橡胶树死皮的危害

随着 20 世纪 70 年代大面积推广高产无性系以及普遍采用乙烯利刺激割胶技术，橡胶树死皮发生越来越严重，其危害日益引起各植胶国的重视。这是因为：①橡胶树死皮的发生具有普遍性，不仅老树高发，而且开割不久的幼树也时有发生；②死皮导致的损失十分严重，多发生在高产品系、高产林段、高产树位或高产单株，对产量的影响尤为突出；③死皮停割植株对周围健康植株产生不良影响，许多死皮停割植株，生势旺盛，茎干粗壮，与正常植株争夺阳光、养分和水分，使单位面积产量明显下降（许闻献，1984）。

橡胶树死皮在世界各橡胶种植园普遍发生，导致严重的产量和经济损失。据估计，全世界各植胶区有 $20\%\sim50\%$ 的橡胶树发生死皮，每年因此造成天然橡胶产量损失 $15\%\sim20\%$（de Faÿ，2011），所带来的直接经济损失高达300 亿元以上。我国是橡胶树死皮发生率最高的国家之一。对全国主要植胶区橡胶树死皮调研的结果显示，我国橡胶树平均死皮率高达 24.71%，且呈逐年上升趋势（王真辉等，2014）。其中，海南地区胶园死皮率高达 28.62%（袁坤等，2016）。我国每年因死皮导致的产量损失约 20 万 t、经济损失在 25 亿元以上。橡胶树死皮发生率高、危害严重，已成为制约天然橡胶产业持续健康发展最主要的因子，是天然橡胶产业亟须解决的重大难题。

第二章　国内外橡胶树死皮发生概况

一、国外橡胶树死皮发生概况

20 世纪 80 年代，在非洲科特迪瓦西南部出现橡胶树树皮坏死，该树皮坏死症状最初出现在接穗和砧木连接处，然后向上扩展直至割线，又称为树干韧皮部坏死（Trunk Phloem Necrosis，TPN）（Nandris et al.，2005），TPN 被认为是与 TPD 相同的死皮类型或是属于 TPD 的一种类型（de Faÿ，2011）。为全面了解橡胶树死皮发生情况，从 1999 年开始，法国研究者在 11 个不同国家的 27 个橡胶种植园开展了死皮发生情况的调研。这些国家包括非洲的科特迪瓦、加纳、喀麦隆、利比里亚、尼日利亚；亚洲的印度尼西亚（苏门答腊）、泰国、柬埔寨、马来西亚、印度；南美洲的巴西。为了便于观测死皮的早期症状，选择割龄小于 5 年（树龄 10~12 年）的胶园，通过浅刮和深刮树皮，分别观察树皮坏死的内部症状（Nandris et al.，2004；2005）。调研结果显示，品种、割胶制度和环境等因素对树皮坏死发生的比率及坏死树的扩散具有明显的影响。在同一橡胶种植园中可观测到树皮坏死和割面干涸两种不同症状，但在树龄 10~12 年的死皮树中，绝大多数属于树皮坏死（树干韧皮部坏死）症状。树皮坏死被认为是一种"幼树病害"（树龄小于 10~12 年），而割面干涸更易发生在成年胶园和老胶园中。在非洲对幼龄树的调查显示，割面干涸症状很少，而树皮坏死占 80%~99%。通过分子检测方法，该研究团队还对类病毒、病毒和细菌进行了病源调查工作，但结果都不能确定它们是树皮坏死的病原。通过病菌传播试验（将坏死树皮嫁接到健康成龄树上，在 1 年树龄的实生树上芽接坏死树的芽片），并没有得到确定的可重复的试验结果，也不能证明这类病原的存在。此外，调查还发现，环境因素与橡胶树树皮坏死的发生有关。在开割树位，早期病树发生的位置呈明显的非随机性分布，主要发生在靠近沼泽、胶园道路、边行、原推土机过道、树桩残余地和斜坡缓冲地等区域。土壤的化学因素对树皮坏死的发生没有明显的影响，而土壤的紧实度则与树皮坏死关系密切，患病区的土壤紧实度高于健康区。

斯里兰卡对橡胶树死皮的发生情况也开展了一定的研究（Soyza，1983）。《斯里兰卡橡胶研究所 1983 年年报》中记载了关于橡胶树死皮的内容。对橡胶树品种 PB86 胶园的调查发现，死皮率与高强度割胶之间具有明显的相关性；

进一步对 53 个大胶园的 6 个品系的死皮植株分布情况进行调查，发现有 5 个品系在一定区域内出现三、五棵死皮树成群分布的现象；死皮树钾、钙和镁含量平衡失调、腺苷三磷酸酶的活性增高、酚类化合物对腺苷三磷酸酶的影响比正常树大。其结果认为降低割胶强度，早期死皮树可以恢复正常。

2000 年，印度对橡胶树死皮进行了调研（Usha Nair，2004）。研究者选取了 BO-1（割龄 1～5 年）、BO-2（割龄 6～10 年）和 BI-1（割龄 11～15 年）三个区进行调查，每个区包含 120 个小胶园（平均每个胶园大小为 0.5 hm²），共 360 个，所调查的品种均为橡胶树无性系 RRⅡ105。调查结果显示，在 BO-1 区有 6％的植株全线死皮，在 BO-2 区为 7％～9％，而在 BI-1 区全线死皮植株达到了 16％。割线部分死皮植株在 BO-1 和 BO-2 区都达到了 11％，而在 BI-1 区则高达 20％；此外，印度学者 Mydin 等（1999）对 21 个橡胶树无性系品种的死皮发生情况进行了调查，结果显示，21 个无性系品种中有 19 个产生了不同程度的死皮，死皮率在 0～17.07％，其中无性系 RRIM609 死皮率最高（17.07％），无性系 RRIM604 和 RRIM602 没有发生死皮。研究还发现，死皮率与胶乳产量相关，高产树更易发生死皮，作者认为死皮的发生具有高度的遗传特性。

二、国内橡胶树死皮发生概况

早在 1981—1982 年，广东省国有南平农场科研所对南平农场橡胶树死皮发生情况进行了调查（王承绪，1984）。调查发现，平均割胶约 10 年的芽接树，死皮率为 14.60％，死皮指数为 10.85，割胶 20 年的实生树，死皮率则达 34.22％，死皮指数达 22.80。死皮树干胶含量持续下降，排胶速度缓慢，仅为正常树的 66.24％。中低割面死皮率较高，而 1 m 以上的高割面则死皮率很低。同时，不同品系死皮率也有差别，RRIM600 死皮率和死皮指数明显高于 PR107，且前者病斑的纵向或横向扩展速度都快于后者；陈慕容等（1993）在 1988—1992 年对华南五省（区）橡胶树死皮发生进行了较为详细的调查，发现纬度越低，死皮越重，不同品系对死皮的抗性不同，PR107 对死皮具有一定的抗性，而 RRIM600 和 PB86 则更易发生死皮，且同一品系，树龄越大，死皮越重；敖硕昌和陈瑞辉（1984）对云南西双版纳垦区橡胶树死皮发生情况进行了调查，发现品系、割胶制度、生势环境、季节、割胶深度等对橡胶树死皮率均有影响。对 6 个品系的死皮调查结果显示，RRIM600 和 PRIM501 的死皮率最高，分别为 14.8％和 31.8％，PB86 和 PRIM513 死皮率较前两个品系低，分别为 11％和 12％，PR107 和 GT1 死皮率最低，分别为 9.4％和 6.0％。从割胶制度来看，采用全树围隔 3 d 割制和半树围对面双线隔日轮换割制的植株死皮最重，3/4 树围隔 2 d 割制和半树围隔 2 d 割制的植株死皮最轻；蒋桂芝等（2009）调查了西双版纳 RRIM600 和 GT1 两个橡胶树品系的死皮情况。RRIM600 死皮树中割线干涸和点状排胶的分别为 41.7% 和 45.3%，割线内褐、褐皮（外褐）分别为 42.7% 和 35.2%；GT1 死皮树症状以割线干涸为主，占 61.9%，其次为点状排胶，占 23.9%，割线褐皮、内褐的分别占 29.5% 和 44.9%；苏海鹏等（2011）调查发现，云南 3 个植胶区不同割龄段和不同品系橡胶树死皮率和死皮指数不同，在 10～20 割龄及 21～25 割龄段的橡胶树中死皮树呈连续分布的较普遍，且随割龄段增加，死皮树连续分布的长度及发生的频率也明显增加。此外，李艺坚和刘进平（2014）在海南省儋州市宝岛新村中国热带农业科学院试验场 3 队对热研 8-79、热研 7-33-97 和 PR107 这 3 个品系进行了死皮发生情况调查。结果显示，幼龄树中死皮率和停割率最高的品系为热研 7-33-97，其次为 PR107，最低的为热研 8-79；中龄树中死皮率和停割率最高的品系为 PR107，其次为热研 7-33-97，最低的为热研 8-79，且中龄树死皮率和停割率高于幼龄树。

第三章　橡胶树死皮发生机理研究进展

为了探究橡胶树死皮发生发展规律及诱因，科研工作者开展了大量的研究工作，其研究涉及细胞学、生理学、分子生物学和病理学等多个学科。尽管人们对橡胶树死皮发生机制开展了大量的研究，但其发生机制尚不清楚。

一、橡胶树死皮发生的相关假说

研究者从不同角度提出橡胶树死皮发生的假说，目前有关死皮成因的假说多达 10 余种，主要包括：①局部性严重创伤反应说。割胶被认为是一种反复的机械创伤，这种局部创伤会使组织产生和分泌黄色树胶，类似于植物创伤后分泌的"伤胶"，这种"伤胶"在乳管壁中沉积后导致胶乳排出受阻，从而导致死皮发生（Rands，1921）。②树皮有效水分波动及胶乳极度稀释致病说。过渡排胶会促使水分向乳管系统运输，导致树皮内水分产生不正常的波动，胶乳被极度稀释从而引发死皮（Sharples and Lambourne，1924；Frey-Wyssling，1932）。③贮备物质消耗殆尽与营养亏缺致病说。Schweizer（1949）认为，由于过度割胶，养分会随着乳清大量流失，使代谢贮备物耗尽，或者由于树冠生长和胶乳再生两者竞争养分，使树皮处于"饥饿状态"，从而导致死皮。④乳管衰老说。Chua（1967）发现，同正常树相比，死皮树树皮中氮含量以及可溶性蛋白含量降低，认为蛋白质和核酸的过度流失可能引起乳管衰老，进而导致死皮发生。⑤遗传及环境影响说。Pushpades（1975）认为植株营养不平衡可能导致死皮发生；Sivakumaran 等（1994）发现干旱地区及较贫瘠的胶园高产无性系的死皮率较高；Sobhana 等（1999）发现砧木与接穗的遗传差异可能是引起接穗割面死皮的重要原因。⑥黄色体破裂说。强割易引起离子不平衡和低的渗透势，导致黄色体破裂而死皮（Paranjothy，1980）。⑦自由基假说。D'Auzac 等（1989）认为有毒的过氧化活性与清除活性之间失去平衡会引起黄色体破裂，从而导致死皮。除此之外，还有防护机制说（Wycherley，1975；许闻献和校现周，1988）、局部衰老病害说（范思伟和杨少琼，1995）、产排胶动态平衡说（许闻献等，1995）、乳管壁透性降低致病说（Bealing and Chua，1972）、病原微生物致病说（Keuchenius，1924）等。Chen 等（2003）和 Peng 等（2011）还提出了"橡胶树死皮是由强割和强乙烯刺激引起的程序性细胞死亡"的观点。尽管各国研究者提出了关于橡胶树死皮发生的各种假说，但到目前为止仍不能系统阐明死皮发生发展过程，其发生机理仍不完全清楚，这可能与死皮发生原因多、死皮症状的表现复杂、死皮发展的多样性等有关（刘志昕和郑学勤，2002）。

二、橡胶树死皮发生的解剖学研究进展

一般认为非褐斑型死皮属于生理性死皮，可通过降低乙烯利刺激浓度和割胶频率等来减少死皮的发生。研究显示，采用乙烯利过度刺激并增加割胶深度诱导橡胶树死皮过程中，树皮外层乳管首先发生胶乳原位凝固，随后逐渐向树皮内层扩展，乳管内未观察到拟侵填体和具有形成层状分生组织的病斑。除乳管外，有输导功能的韧皮部的厚度比常规刺激割胶树减少更多，靠近形成层处形成石细胞，含单宁细胞增加更多。外层树皮的薄壁细胞分裂，树皮增厚肥肿。从超微结构的变化来看，死皮植株乳管中的细胞器加速衰老，黄色体破裂，髓鞘状结构出现，橡胶粒子的数量减少，F-W 粒子成为电子致密体，乳管细胞的膜结构异常明显，细胞核衰老，染色质明显减少（Hao and Wu，1993；吴继林等，2008）。卢亚莉等（2021）采用光学显微镜技术比较分析了不同死皮程度橡胶树树皮的结构特征，发现随着死皮严重程度的增加，乳管排列逐渐发生紊乱，膨大乳管的列数明显增加且逐渐向水囊皮扩展，同时，石细胞的数量增加，且形成的位置不断内移，可达水囊皮，单宁细胞的数量也不断增加。研究也发现，高浓度乙烯利诱导橡胶树发生死皮过程中黄皮、水囊皮中的乳管列数均减少，黄皮中石细胞和膨大乳管的面积均增加，乳管排列混乱（何晶等，2018）。

褐斑型死皮包括外褐型、内褐型和稳定型三种类型。其中外褐型死皮属于慢性扩展型。发生初期割线呈"熟番薯"色，割线处树皮的水囊皮正常，无褐斑，刺检有胶乳。但黄皮至砂皮有褐斑出现，且逐渐向割线下方和两侧扩展。镜检可见砂皮内层及黄皮中有坏死乳管和褐色的脂类填充物，树皮内单宁细胞和石细胞的数量增加。此种类型死皮若及时进行刨皮处理，可促进再生皮生长而恢复产胶。内褐型死皮属于急性扩展型，发生初期水囊皮出现暗灰色水渍状病斑，乳管由水囊皮向外坏死，在水囊皮和黄皮层都有褐斑，严重时形成层也出现褐斑。光学显微镜观察发现水囊皮内有石细胞出现，韧皮部射线发生紊乱。此种类型的死皮即使做刨皮处理，再生皮仍可能出现褐斑，恢复产胶的效果较差。稳定型死皮是指病树经过一段时间后进入稳定期，褐斑界限清晰，病灶稳定，死皮干裂脱落，有时出现木龟，新生皮没有褐斑，恢复产胶能力（田维敏等，2015）。在这三种类型的褐斑型死皮病中，内褐型死皮病的危害是最

严重的。我国学者郝秉中等（1993）以感染内褐型死皮病且休割 6 年的橡胶树无性系 GT1 和 RRIM600 植株为实验材料，采用光学和电子显微镜技术研究了内褐型死皮病休割期病害径向扩展的超微结构变化，从组织学和细胞学上证实了褐皮病在休割期能从老的病组织向新产生的组织扩展。新产生的组织中除紧挨形成层的第一列乳管表现正常外，从第二列乳管起各列乳管逐渐出现异常的细胞结构，胶乳原位凝固、褐斑出现，形成相当多的髓鞘状结构，细胞核中出现细纤维，但没有在异常乳管中发现拟侵填体，而拟侵填体被有些学者认为是褐皮病的重要结构特征（de Faÿ，2011）；除了对休割期褐皮病的树皮组织细胞的结构变化进行研究外，Wu 和 Hao（1994）还研究了割胶期发展的褐皮病的树皮超微结构变化。以割龄 15 年的橡胶树无性系 PR107 为材料，取割线下方出现褐斑的树皮进行超微结构观察，结果表明，病树皮乳管中胶乳发生原位凝固，大量髓鞘状结构出现。细胞器出现紊乱，黄色体中常含有电子致密物及小的球形粒子，一些黄色体失去部分或全部外膜，F-W 复合体中含大量嗜锇滴。细胞核膜发生紊乱，核内物质较少，其中含有大量直径约 5 nm 的微纤维，但这些纤维与休割期褐皮病树皮乳管细胞核中所观测到的纤维在形态结构上存在差异。乳管中的线粒体、内质网等其他细胞器也发生异常，病树皮组织中出现褐斑，拟侵填体在褐斑中极为常见。从上述休割期与割胶期褐皮病树皮组织细胞的超微结构来看，二者发生了相似的变化，特别是大量髓鞘状结构的出现，说明了膜系统发生紊乱。

三、橡胶树死皮发生的生理学研究进展

目前，普遍认为橡胶树死皮是一种由过度排胶引起的复杂的生理综合征。生产中广泛采用乙烯利刺激割胶来延长橡胶树排胶时间，从而达到提高橡胶树产量的目的。然而乙烯利过度刺激或强割（过度割胶）以及其他环境胁迫均会导致橡胶树发生死皮。橡胶树死皮后生理指标发生明显改变，一些指标可作为死皮早期诊断的关键。

橡胶树乳管细胞的黄色体类似于溶酶体，内含大量无机钙、镁二价离子和阳性蛋白质，对渗透压极为敏感，在渗透压过低时，黄色体的完整性就会被破坏（郝秉中等，1996；Tian et al.，2003；Pakianathan et al.，1966）。割胶等在短时引起大量营养物质和水分的流失，导致树体内特别是乳管内一系列的生理生化变化，造成营养亏缺、胶乳过度稀释和水分不正常波动、物质运转障碍，导致乳管内离子不平衡和低渗透势，从而破坏黄色体而引起死皮。橡胶粒子表面有一种 22 kDa 的膜蛋白，含有 Glc-NAc 糖基，其上有 Glc-NAc 糖基结合的两个受体位点。当黄色体破裂时释放出来的橡胶蛋白（Hevein）与橡胶

粒子表面 22 kDa 的膜蛋白结合，形成多价的桥，使橡胶粒子聚集在一起，从而导致胶乳的原位凝固（Gidrol et al.，1994）。范思伟和杨少琼（1995）研究表明，死皮发生过程中胶乳抗氧化剂硫醇含量逐渐降低，其中全线死皮树的硫醇含量最低，为对照的 58.3%，认为自由基清除剂硫醇的降低导致了黄色体膜破裂和溶胞，使胶乳发生原位凝固，最终导致乳管停止排胶而发生死皮。杨少琼和熊涓涓（1989）研究表明，橡胶树无性系 GT1 严重死皮树胶乳的黄色体破裂指数（93.8%）显著高于正常树（13.5%），表明严重死皮树黄色体完整性受到破坏。Putranto 等（2015）比较分析了橡胶树无性系 PB260 健康树和死皮树胶乳生理参数的差异，结果显示，死皮树中的蔗糖、硫醇和无机磷含量均低于正常树，暗示死皮树中胶乳合成及乳管代谢能力下降。

活性氧作为有氧代谢的副产物在植物体内不断产生。活性氧主要包括超氧阴离子自由基（$O_2^{\cdot-}$）、羟自由基（$\cdot OH$）和过氧化氢（H_2O_2）等。在正常的生长环境条件下，植物将产生活性氧作为信号分子以调控不同的代谢反应。但当植物受到病原物侵染、机械伤害、低温等逆境胁迫时，细胞中会产生大量活性氧，高浓度的活性氧会对植物造成氧化胁迫，引起细胞膜的过氧化损伤，对细胞内大分子物质，如核酸、蛋白质、脂质等的结构和功能造成损伤，从而导致植物细胞死亡，影响植物正常的生长和发育。为了降低因过量活性氧对植物体所造成的伤害，植物体内进化出了两种活性氧清除系统：酶促清除系统和非酶促清除系统。酶促清除系统主要包括超氧化物歧化酶、过氧化氢酶、抗坏血酸过氧化物酶等。非酶促清除系统主要包括抗坏血酸、还原型谷胱甘肽、甘露醇等抗氧化物质。

已有研究认为，活性氧的过度积累能使橡胶树树皮乳管系统失衡，进而导致死皮发生（D'Auzac et al.，1989；Montoro et al.，2018）。橡胶树乳管细胞黄色体膜上存在着一种 NAD（P）H 氧化酶，在此酶的作用下，黄色体能利用 NADH 消耗 O_2 生成 $O_2^{\cdot-}$，$O_2^{\cdot-}$ 在超氧化物歧化酶的作用下可形成 H_2O_2。H_2O_2 能慢慢钝化细胞中 Cu/Zn SOD，从而降低乳管细胞保护系统的效能，导致乳管细胞内活性氧代谢失调，引发黄色体膜破裂、内含物外漏，造成胶乳的原位凝固而发生死皮（D'Auzac and Chrestin，1986；蔡磊和校现周，2000）。D'Auzac 等（1989）提出了"自由基破坏黄色体膜导致死皮"的假说。该假说认为，死皮发生时黄色体膜上 NAD（P）H 氧化酶、细胞质过氧化物酶活性增强，而超氧化物歧化酶和过氧化氢酶活性减弱，抗坏血酸及还原型硫醇等抗氧剂浓度大大减少，活性氧大量积累，从而破坏黄色体的膜结构而使其破裂，黄色体释放出凝固因子，导致胶乳原位凝固，从而堵塞乳管造成死皮。死皮树中超氧化物歧化酶同工酶活性受到抑制（许闻献和校现周，1988），胶乳硫醇和抗坏血酸等自由基清除剂的含量也显著下降（Putranto et al.，2015；

范思伟和杨少琼，1995）。强割或强乙烯刺激激活黄色体膜上的 NAD（P）H 氧化酶，造成活性氧水平升高，进一步引起黄色体破裂而加速死皮发生（校现周和蔡磊，2003）。Li 等（2010）通过抑制性差减杂交发现 17 个与活性氧产生和清除相关的基因在健康树与死皮树胶乳间差异表达，进一步对健康与死皮植株树皮间基因的表达差异进行分析也发现差异表达基因显著富集于活性氧代谢等（Li et al.，2016），他们认为活性氧产生和清除的不平衡可能导致死皮的发生。袁坤等（2014a）鉴定了一个在死皮树中明显下调表达且与活性氧清除相关的谷氧还蛋白，表达分析结果表明，H_2O_2 处理后，该蛋白基因的表达受到明显抑制（Yuan et al.，2019）。Zhang 等（2019）从橡胶树中鉴定了 407 个氧化还原相关的基因，并发现超氧化物歧化酶、过氧化氢酶等基因在乙烯利诱导产生的轻微和严重死皮树中差异表达。以上研究表明活性氧与橡胶树死皮发生密切相关。

本研究团队分析了橡胶树热研 7-33-97 不同死皮程度植株胶乳各生理参数的变化。结果显示，胶乳蔗糖、镁离子含量及黄色体破裂指数随死皮程度的增加而增加，胶乳产量、硫醇、无机磷含量随死皮程度的增加而降低（郭秀丽等，2016）；在高浓度乙烯利刺激诱导橡胶树割面逐渐产生内缩、严重内缩及部分死皮症状的过程中，胶乳产量、硫醇、无机磷、蔗糖含量呈先上升后下降趋势，黄色体破裂指数则呈先下降后上升趋势（何晶等，2018）；在高浓度乙烯利刺激诱导橡胶树逐渐产生不同死皮等级（2 级、3 级、4 级和 5 级）的过程中，随着死皮等级的增加，黄色体破裂指数显著增加。发生 2～3 级死皮植株中胶乳硫醇含量显著高于健康树，随着 4～5 级死皮的出现，硫醇含量逐步下降至健康树水平，无机磷含量则随死皮程度的增加呈先升后降的趋势；且随死皮等级增加，胶乳橡胶粒子平均粒径逐步变小（刘辉等，2021）。总体来看，高浓度乙烯利刺激使黄色体破裂明显增加、胶乳硫醇和无机磷含量下降、橡胶粒子变小，这些变化可能导致了乳管系统受损与堵塞，从而降低了橡胶生物合成能力，胶乳产量下降进而植株发生死皮。胶乳硫醇、无机磷及黄色体破裂指数等生理指标与橡胶树死皮发生密切相关，可作为死皮早期预测的关键指标。

四、橡胶树死皮发生的分子机理研究进展

为揭示橡胶树死皮发生的分子机理，各国学者开展了大量的研究工作。Chen 等（2003）从橡胶树中分离了一个 MYB 转录因子 *HbMyb1*，并发现该转录因子的表达量在死皮植株树皮中显著下调，该转录因子类似于果蝇细胞凋亡负调控因子 *ced9* 及人类癌基因调控因子 *Bcl-2*。Peng 等（2011）进一步研究发现，*HbMyb1* 基因能抑制胁迫诱导的细胞死亡，是程序性细胞死亡的负

调控因子，并提出了"橡胶树死皮是由强割和强乙烯刺激引起的程序性细胞死亡"的观点。Venkatachalam 等（2009）认为橡胶树 $HbTOM20$ 基因在死皮树中表达下降可能导致线粒体代谢紊乱，降低了胶乳的生物合成能力进而发生死皮。Venkatachalam 等（2010）还发现胸苷激酶基因 $HbTK$ 在正常树树皮中表达量升高，而在死皮树中表达量下降，推测该基因通过维持活跃的核苷酸代谢，使正常树在割胶胁迫下仍能进行正常的胶乳生物合成。喻修道等（2011）采用 RACE 技术从橡胶树中克隆了铜转运蛋白基因 $HbCOPT5$，表达分析发现该基因在死皮树中的表达量明显下降。邓治等（2018）克隆了橡胶树肌动蛋白解聚因子 $HbADF6$ 基因，发现该基因在死皮树中表达下调，推测其下调可能引起 F-肌动蛋白解聚减少，加快乳管堵塞。Liu 等（2016）对橡胶树 Meta-caspase 家族基因进行了系统的鉴定分析，发现该家族基因 $HbMC1$、$HbMC2$、$HbMC5$ 和 $HbMC8$ 与橡胶树死皮有关。进一步的研究发现，$HbMC1$ 的表达与橡胶树死皮程度正相关，转基因烟草和酵母中过表达 $HbMC1$ 会降低对氧化胁迫的抗性，促进氧化胁迫下细胞的死亡；同时，证实 $HbMC1$ 通过与胶乳合成和细胞死亡等途径蛋白互作抑制胶乳生物合成、诱发细胞死亡，从而导致橡胶树死皮发生（Liu et al.，2019）。

近年来，随着现代分子生物学技术的快速发展，各种组学技术也先后应用于橡胶树死皮发生机理的解析，并取得了一定进展。Venkatachalam 等（2007）构建了橡胶树高产无性系 RRII105 的健康树和死皮树胶乳 cDNA 文库，并采用抑制消减杂交（SSH）技术从两个文库中共筛选出 352 个差异表达的 EST，其中许多程序性细胞死亡相关的基因在死皮树中上调表达，认为这些基因可能引起程序性细胞死亡，程序性细胞死亡与死皮发生之间具有相关性，进一步验证了 Chen 等（2003）的观点。Li 等（2010）也采用 SSH 的方法从橡胶树热研 8-79 健康树和死皮树胶乳 cDNA 文库中筛选出 822 个差异表达的 EST，发现这些差异基因主要参与了橡胶生物合成、胁迫应答、转录以及蛋白质代谢等，推测程序性细胞死亡、活性氧代谢和泛素-蛋白酶体等途径可能在死皮发生中具有重要功能。Li 等（2016）还利用转录组学方法，分析了健康树和死皮树树皮转录组差异。结果显示，同健康树相比，在死皮树树皮中分别有 5 652 和 2 485 个基因呈显著上调或下调表达，这些基因与活性氧代谢、程序性细胞死亡及橡胶生物合成途径密切相关。认为橡胶树死皮是多基因参与的复杂生物学过程，死皮树胶乳产量的下降可能是由于橡胶生物合成途径中异戊烯焦磷酸（isopentenyl diphosphate，IPP）产生下降所致。Liu 等（2015）也通过转录组测序比较分析了健康和死皮植株树皮基因表达的差异。结果发现，多数死皮相关基因与橡胶生物合成和茉莉酸合成途径相关，且这些基因在死皮树中的表达明显受到抑制，这可能是死皮发生的直接原因。Montoro 等（2018）采用 RNA-Seq 技术分析了乙烯利诱导橡胶树死皮过程中胶乳中基因表达的变化，通过与树皮转录组结果进行比较分析，发现抑制茉莉酸信号途径和活性氧清除系统相关基因表达是死皮树树皮和胶乳所共有的特性。此外，Gébelin 等（2013）采用小 RNA 测序分析鉴定了死皮相关的 microRNAs（miRNAs），分析发现这些 miRNAs 的靶标基因也主要与活性氧代谢、橡胶生物合成和程序性细胞死亡等相关。最近，本研究团队通过对热研 7-33-97 健康与死皮植株树皮样品进行全转录组和小 RNA 测序，鉴定了与死皮发生相关的 263 个 lncRNAs（长链非编码 RNA）、174 个 miRNAs 和 1 574 个 mRNAs（基因）。KEGG 富集分析表明，差异表达 mRNAs、差异表达 lncRNAs 和 miRNAs 的靶基因主要富集于代谢途径、次生代谢物的生物合成和激素信号转导等。根据差异表达 lncRNA、miRNA 和 mRNA 间的调控关系，构建了橡胶树死皮发生的 lncRNA-miRNA-mRNA 调控网络，明确了网络中起核心作用的 13 个 lncR-NAs、3 个 miRNAs 和 2 个基因，为进一步解析橡胶树死皮发生分子机制与调控网络奠定了基础（Liu et al.，2021）。

　　蛋白质是基因功能的直接执行者，鉴定橡胶树死皮发生相关的蛋白质能更好地解析死皮的分子机制。通过多年研究，也分离鉴定了一些与橡胶树死皮发生相关的蛋白质。Bhatia 等（1994）发现死皮橡胶树乳管 C-乳清中分子质量为 14.5 kDa 和 26 kDa 的两种蛋白质大量增加，其中 26 kDa 的蛋白质与胶乳凝固相关。死皮树树皮中 22 kDa 的胞质蛋白含量增加，其增加量与死皮的严重程度有关（Lacrotte et al.，1997）。Uncher 等（2002）研究发现，在死皮树的胶乳中橡胶延伸因子（REF）蛋白和小橡胶粒子蛋白（SRPP）大量累积。闫洁等（2008a）利用双向凝胶电泳技术，分析了强乙烯利刺激发生死皮后胶乳黄色体中蛋白表达的变化。采用质谱技术鉴定出一个在黄色体中表达下调的渗透蛋白（osmotin），推测该蛋白可能与死皮植株胶乳黄色体膜破裂有关。此外，他们还从胶乳 C-乳清中鉴定了 27 个死皮相关蛋白，这些蛋白中多数与橡胶生物合成途径相关（闫洁等，2008b）。其中，REF 和 SRPP 蛋白在死皮植株胶乳的 C-乳清中大量积累，这类似于 Sookmark 等（2002）的研究结果。陈春柳等（2010）采用双向凝胶电泳技术比较分析了橡胶树死皮植株与健康植株橡胶粒子蛋白质组表达的差异，共鉴定出 13 个差异表达蛋白，其中 11 个蛋白在死皮植株中上调表达，另 2 个下调表达，推测这些差异表达的蛋白质可能在橡胶树死皮发生发展过程中发挥重要作用。周雪梅等（2012a）进一步采用双向凝胶电泳技术研究了橡胶死皮树与健康树胶乳 C-乳清蛋白表达谱的差异，共发现 31 个差异表达的蛋白点，其中 10 个被成功鉴定，认为这些蛋白可能在橡胶树死皮发生过程中扮演重要角色。袁坤等（2014a；2014b）也比较分析了健康与死皮植株胶乳和橡胶粒子中蛋白表达谱差异，分别鉴定出 16 个和 13 个差异表达蛋白。功能富集分析显示，这些差异蛋白主要与程序性细胞死亡、活性氧代谢和橡胶生物合成相关。以上研究从蛋白质组学角度进一步验证了橡胶树死皮发生过程中涉及的主要途径。

五、橡胶树死皮发生的病理学研究进展

早前有学者认为，橡胶树死皮是由病原微生物如细菌、病毒、类菌原体侵染引起。有学者通过田间普查及室内初步诊断，发现橡胶树死皮具有类似病害发生发展的某些特点，认为死皮可能是由病原菌侵染所致。Keuchenius（1924）认为褐皮病是由乳管中的细菌引起的；郑冠标等（1988）的研究发现，橡胶无性系 GT1 及 RRIM600 的褐皮病树注射或环刮皮涂保 01、青霉素及四环素药物后，病情减轻，胶乳及干胶产量比对照明显增加。电镜检查显示，在病树树干、根部皮层组织及病树树冠表现出丛枝病症状的枝条中均观察到类立克次氏体（RLO），而在相应的对照中均未见有 RLO 存在。由此认为，RLO 可能是褐皮病的病原；陈慕容等（1993）发现死皮病株在胶园中分布常常是非随机的，病树对抗菌素有明显反应，认为死皮是一种传染性病害；Wu 等（1997）认为死皮可能是由于根部病变而传染至割面所致。但法国发展研究所对类病毒、病毒和细菌进行病源调查工作后并未得到确定的结果，该研究所还在非洲的两个橡胶种植园进行了"病菌传播"试验：将坏死树皮嫁接到健康成龄树上，在 1 年树龄的实生树上芽接坏死树的芽片，但没有得到任何确定的或可重复的结果，既不能证实病菌传播的可能性，也不能治愈患病树。虽然在 1983 年就怀疑死皮由病原菌引起，但研究者未能获得病原体存在的证据。因此，在 2004 年中期该研究所全面停止了病原研究工作（Nandris et al.，2005）。总之，由于没有真正分离到引起橡胶树死皮的病原菌，特别是没有接种致病成功的证据，因此，橡胶树死皮系病理起因的观点未被多数研究者所接受。

六、气候环境、土壤、遗传等与橡胶树死皮

气候环境和土壤是影响橡胶树死皮发生的重要因素，而不同品系或不同遗传背景的橡胶树死皮率也不相同。Sivakumaran 等（1997）认为，橡胶树死皮发生受气候和生长周期的影响较大。杨少琼等（1995）研究发现，受 2 次强台风袭击但无严重受害症状且正常采胶的 70 株橡胶树具有发生死皮的倾向，受台风影响严重的橡胶树死皮发生概率大于未受台风损坏或损坏较小的橡胶树。Pushpades 等（1975）通过分析土壤、叶片及胶乳后发现，营养不平衡容易导

致橡胶树发生死皮。Nandris 等（2005）通过流行病学和病树的生理生态学研究证明，树皮坏死可能与病树生长的环境有关。与土壤板结相联系的水分供应减少，旱季根系吸收水分能力变弱，再结合树木内部液流受到干扰以及采胶导致的水分排出，这些外部压力可能是导致接穗-砧木结合区发生树皮坏死的主要原因。由于环境胁迫，在接穗-砧木结合部，树皮细胞的分室作用破坏，导致释放出高浓度易扩散的氰，同时由于易感病植株中氰化物的产生和分解作用严重失衡，引发周围细胞中毒，导致树皮坏死。不同橡胶树品系对死皮的敏感程度不同。Gohet 等（1997）研究显示，无性系 PB260 和 GT1 对死皮较敏感，而无性系 AVROS2037 和 AF261 对死皮敏感性低；Jacob 等（1989）提出死皮与品系的特性有关，堵塞指数越低、产量越高的品系，越容易发生死皮；黄志全（2019）研究发现，实行 6 d 一刀割制（d6 割制）橡胶树的 4～5 级死皮率比 d4 割制的 4～5 级死皮率低。仇键等（2020）研究也发现，d6 割制的死皮率低于 d4，d6 割制对橡胶树更安全，但过度刺激后同样会诱发严重的死皮发生。周立军等（2020）探讨了不同种植模式对橡胶树生长和产量的影响，发现宽窄行种植模式死皮率较常规种植模式降低。

第四章　橡胶树死皮防治技术研究进展

一、基于生理性死皮的防治技术研究进展

针对生理性死皮，通过降低刺激强度、减刀、浅割、轮换割面、阳刀转阴刀和停割等方式，能起到一定的缓解作用。但是这些方式相对来说比较被动，恢复周期较长，而且恢复过后再割，很容易再次死皮。为此，科研人员和生产者尝试通过化学手段对死皮进行防治，取得了一定成效。

20世纪70年代，广东省国营火星农场在开割橡胶树上施用赤霉素的试验中发现，赤霉素不但能够增加干胶产量（增产量5%～10%），而且对死皮有一定的防效。为进一步确认赤霉素对橡胶树死皮的防治效果，该场连续4年（1980—1984年）进行了相关的试验，得出相同的结论（梁尚朴，1990）。很多胶工在生产实践中也意识到，新鲜牛粪和一些植物的汁液对橡胶树死皮有一定的防治效果。梁尚朴（1990）认为，橡胶树死皮是由于患病植株内源乙烯过量，导致体内各种激素失调，加速乳管衰老、死亡，产胶机能锐减甚至直接丧失的生理病害。施用赤霉素和生长素等一些植物激素，可以抑制乙烯的生理作用，延缓器官和组织的衰老，从而对死皮起一定的防治作用。20世纪80年代华南热带作物研究院与河南化工所合作研制了一种螯合稀土钼（CRM），该复合制剂由硝酸稀土、钼酸铵和金属螯合剂（氨基羧酸盐和有机磷酸盐）组成，将其涂施于割面，可被割胶后露出的薄壁细胞直接吸收。该制剂对橡胶树死皮的控制及治疗效果较好（陈玉才等，1988）。杨少琼等（1993）进一步的研究发现稀土具有强烈抑制黄色体酸性磷酸酶活性和胶乳细胞质中性磷酸酶活性、强烈抑制黄色体产生超氧阴离子的速率、抑制内源乙烯产生、缩短流胶时间、促进再生皮生长和乳管细胞分化等作用。刘昌芬等（2008）用几种植物源药物对橡胶树死皮进行防治的试验显示，各提取液都有不同程度的治疗效果（表现在死皮长度缩短），其中治愈率最高的达92.6%。通过试验，蒋桂芝等（2013）认为割面补充微量元素营养和适宜的植物激素对控制死皮的发生是有作用的。林运萍等（2009）和袁坤等（2013）的研究均发现宝卡有机液肥对橡胶树死皮有一定防效，但其防效只是针对轻度死皮而言的。宝卡有机液肥是马来西亚宝卡生物科技集团针对橡胶树死皮而开发的一种有机无机混合肥料，该肥料主要由腐殖酸及植物所需大量、微量元素组成。

在死皮防治药物研发方面，陈守才等（2010）发明了一种防治橡胶树死皮

的复合制剂及其制备方法。该复合制剂以甲基纤维素为载体，内含抗坏血酸、还原型谷胱甘肽、β-胡萝卜素或维生素 E 中的一种或几种抗氧化物，此复合制剂能够预防死皮，消除死皮的发生，效果显著。冯永堂（2010）发明了一种用于治疗橡胶树死皮的组合物。该组合物包含 5%～10% 的柠檬酸和 90%～95% 的过氧化氢及少量的十二烷基磺酸钙。任建国（2013）发明了一种防治橡胶树死皮的制剂及其制备方法和应用。该制剂由植物所需的维生素、氨基酸、微量元素等组成，将其喷施于树干，对橡胶树死皮治愈有一定的效果。虽然这些药剂都授权了专利，但均无后续的药效评价研究，更未见大面积生产应用的报道。笔者团队一直从事橡胶树死皮发生机理与防控技术研究，经多年努力研发了具有较好防治效果的橡胶树死皮康复营养剂（简称死皮康）系列产品，建立了橡胶树死皮康复综合技术（详见第三篇第十章）。针对橡胶树轻度死皮（3 级以下），发明了一种橡胶树死皮康复微量元素水溶性液体肥（商品名：死皮康轻度防治）及配套施用方法。该肥料已获农业农村部肥料登记证 ［农肥（2018）准字 11392 号］，施用后能调整树体微量元素平衡，提高死皮植株抗氧化能力，对轻度死皮植株的恢复率达 70% 以上，解决了死皮早期防治的难题；针对橡胶树重度死皮（3 级及以上），发明了死皮康组合制剂，该组合制剂包括死皮康胶剂（王真辉等，2014a）和死皮康水剂（王真辉等，2014b）。死皮康胶剂以壳聚糖为载体，包含抗氧化物、植物活性物质和钼酸铵等，通过涂抹割面的方式施用；死皮康水剂包含多种营养组分、杀菌抑菌组分、解毒组分、助剂等，通过喷施死皮橡胶树树干的方式使用。该组合制剂同时使用能补充死皮橡胶树树体养分的亏缺、提高橡胶树免疫力和抗性、延缓衰老，对橡胶树重度死皮的恢复率达 40% 以上。多年的田间试验表明，橡胶树死皮康复综合技术能很好地促进死皮橡胶树恢复产排胶，且恢复植株具有较好的生产持续性（袁坤等，2017；周敏等，2016，2019）。橡胶树死皮康复综合技术经农业农村部科技发展中心组织的专家评价达到国际领先水平，入选国家林业和草原局"2020 年重点推广林草科技成果 100 项"，已在云南、海南等地推广应用。综上所述，现有的生理性死皮防治剂主要是通过营养补充、内源激素调控、活性氧清除和增强抗氧化性等方法对死皮植株进行治疗，各种方法效果不一。

二、基于病理性死皮的防治技术研究进展

国际上关于橡胶树死皮最早的防治方法是 1912 年 Rutgers 采用的刨皮法（Rands，1921）。对于重症植株，采用该方法刨除所有患病组织而不伤及形成层，是比较困难的。随后，1917 年 Pratt 等又发明了剥皮法，1919 年 Harmsen 采用去除表层病皮并配合涂施热焦油法防治橡胶树死皮。印度尼西亚的 Siswanto 和

Firmansyah（1989）通过比较试验发现，采用隔离、刮皮同时使用棕油（95％）＋敌菌丹5％混合制剂对死皮的恢复效果最好，恢复率可达85％。20世纪70、80年代，国内也开始了采用刨皮、剥皮和开沟隔离等方法治疗橡胶树死皮的研究。黎仕聪等（1984）通过浅刨或剥离病灶加施复方微量元素治疗死皮停割树，处理7年后观察发现，浅刨处理过的树皮其厚度与正常树再生皮接近，但其乳管总列数及正常乳管总列数只有正常再生皮的2/3；而剥皮处理的树皮厚度只有正常再生皮的2/3，乳管列数及正常乳管列数只有正常再生皮的1/3。这表明处理病灶后再生皮是有可能恢复的，但乳管的分化与生长比正常再生皮要慢，处理后到恢复正常割胶需要至少7年的时间；而剥皮处理的植株恢复所需时间可能会更长。广东省海南农垦局生产处（1984）开展了用开沟隔离法控制橡胶树褐皮病的试验，认为该方法是有效的，且以小于或等于3级死皮的轻病期处理效果更佳。

以上几种方法都是基于当时认为死皮是寄生物或病原菌引起的病害而提出的防治方法，通过物理的方式刨除或隔离病灶，或配合补充一些微量元素。这类方法有一定的疗效，但操作复杂，恢复周期较长。为开发更简便、高效的防治方法，国内有些科技人员研发了一些药剂，有针对性地消除病原菌，取得了一定成效。针对真菌病、条溃疡病、线条虫病、病毒病引起的死皮，梁根弟和罗春青（1994）发明了一种橡胶树死皮复活剂的制造方法，该药剂是多种中草药经晒干、研磨及部分煮汁、混合搅拌、热炒后过筛定量包装而得。胡彦和黄天明（2015）发明了一种以马缨丹、白苞蒿和斑鸠菊为原料制备的橡胶树死皮防治药剂。20世纪90年代初，中国热带农业科学院植物保护研究所陈慕容和郑冠标（1998）公开了一种橡胶树死皮病防治药剂（申请号：97121908.7），它以甲基纤维素为载体，内含四环素族药物、黄元胶等物质。将该药剂涂施于患病植株割面上，能有效地防治死皮，并能使其干胶产量增加14.27％。在该药剂配方的基础上，该团队开发了"保01""保02"系列橡胶树死皮防治产品。6年（1985—1990）的田间试验和示范试验结果表明，"保01"对橡胶树病理性死皮有较好的疗效。李智全等（2000）对中幼龄死皮橡胶树的防治试验显示，"保01"对3级以下死皮植株有明显疗效，而对重度死皮（4、5级）植株疗效不够理想；温广军和何开礼（1999）的试验结果与此类似。宋泽兴和张长寿（2004）用"保01"及其A、B两种改进药剂对外褐型死皮进行防治，3年的试验结果表明，三种药剂对外褐型死皮都有不同程度的防治效果，主要表现在割线死皮长度减小和排胶量增加，其中B剂防效最高（70.4％），"保01"其次，其防效为49.9％、干胶净增产率9.1％。"保01"防治褐皮病机理主要是通过抑制病原菌繁殖和生长，以致破坏菌体，使菌体崩解，从而达到防病增产的效果（陈慕容等，1992）。在一些轻度而未坏死的组织中，"保01"抑制了病菌的活动，从而使植株恢复了正常的生理机能和产胶功能，最终起到防病增产的作用。

橡胶树死皮发生与恢复
机理研究总结

第二篇 / 02

第五章 我国主要植胶区死皮发生情况

为进一步了解我国橡胶树死皮发生情况，探究引起死皮的主要原因，集成、优化一套较完善的橡胶树死皮综合防控措施，本项目组在 2008—2009 年对海南、云南和广东三大植胶区的部分国有农场和民营胶园开展了橡胶树死皮实地调查，调研和分析了我国橡胶树死皮发生概况与发展趋势，并在对广东、云南部分农场死皮现状进行追踪调查的基础上，分析死皮发生的原因，提出未来死皮防控的策略。从而为大幅度提高天然橡胶的产量、促进我国天然橡胶的高产与稳产以及确保天然橡胶产业持续健康发展提供有力的技术支撑。

一、三大植胶区死皮概况

1. 调研内容 通过定点调研，了解不同植胶区、不同品种、不同生产期（即不同割龄）橡胶树死皮发生情况，比较分析品种间死皮发生差异及其原因。

2. 调研时间和地点 2008 年 9～11 月、2009 年 8～10 月，在海南、云南和广东三大植胶区农垦总局、产业集团公司与海南省农业厅、云南省农业厅及当地农业部门的支持与配合下，中国热带农业科学院橡胶研究所对全国三大植胶区 24 个国有农场和 8 个民营农场共计 32 个生产单位进行了死皮调研。共调研 5 个不同割龄、11 个橡胶树主要栽培品种、约 38 000 株橡胶树，分别统计死皮率、3 级以上死皮率、缓排率、停割率 4 种死皮相关指标，并通过这些指标综合反映橡胶树死皮概况。

（1）海南植胶区。包括 12 个国有农场，即乌石农场、新中农场、西联农场、龙江农场、广坝农场、中建农场、保国农场、立才农场、金江农场、红明农场、红田农场、东平农场；5 个民营农场，即七仙岭农场、南辰农场、青年农场、岭脚农场、新市农场。

（2）云南植胶区。包括 5 个国有农场，即景洪分公司、东风分公司、勐养分公司、勐醒分公司、勐捧分公司；3 个民营农场，即景洪市农业局经作站、景洪市嘎洒镇农业服务中心、勐腊县橡胶技术推广站管辖范围的 3 个民营胶园。

（3）广东植胶区。包括 7 个国有农场，即南华农场、五一农场、火炬农场、红峰农场、新时代农场、胜利农场、火星农场。

3. 调研方法

（1）橡胶树主栽品种选择。海南农垦国有农场以 PR107、RRIM600 和大丰 95 为主，海南民营胶园除上述品种外，增加热研 7-33-97；广东以南华 1 号、GT1、93-114、IAN873 和 PR107 为主；云南以 RRIM600 和 GT1 为主。选取中等管理水平的林段和树位。

（2）割龄。包括≤3 年、4～5 年、6～10 年、11～15 年、>15 年，每一割龄段各调查 2～3 个树位。

（3）胶园类型。国有胶园和民营胶园。

（4）死皮观测。通过跟随胶工割胶观察植株死皮症状，并在割线的死皮对应部位做标记，测量、记录不同死皮症状的长度，统计健康树、不同类型死皮树、不同级别死皮树以及死皮停割树的株数。

4. 数据分析 分别测定死皮植株不同死皮症状的长度。死皮率按死皮树株数占调查总株数的百分比计算；停割率按停割树株数占调查总株数的百分比计算；缓排率按缓慢排胶植株总数占调查总株数的百分比计算；3 级以上（包含 3 级）死皮率按 3 级以上死皮树株数占调查总株数的百分比计算；死皮指数的计算如下：死皮指数＝Σ（各级死皮株数×相应死皮等级）/（调查总株数×最高死皮等级）×100。

5. 三大植胶区死皮发生总体情况 调研结果显示，三大植胶区橡胶树平均死皮率高达 24.71％，停割率为 14.55％（图 5-1）。与同一植胶区民营胶园（除广东植胶区外）相比，除缓排率外，国有农场橡胶树死皮率、3 级以上死皮率、停割率均低于民营胶园（图 5-2）。三省国有农场死皮率和 3 级以上死皮率从小到大的顺序依次为：云南＜海南＜

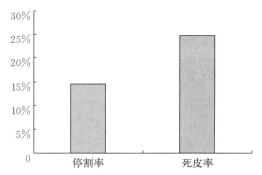

图 5-1 主要植胶区橡胶树死皮总体状况

广东，死皮率分别为 20.77％、28.08％和 30.90％；而橡胶树死皮停割率从小到大的顺序依次为：海南＜云南＜广东，分别为 13.89％、14.23％和 14.56％。云南植胶区国有、民营胶园橡胶树死皮率与 3 级及以上死皮率均低于其他植胶区国有和民营胶园相应指标。

分析结果表明，橡胶树死皮率和停割率均随着割龄增长呈现递增趋势。就死皮率而言，5 割龄以下的橡胶树在 7.56％～7.67％，6～10 割龄达到

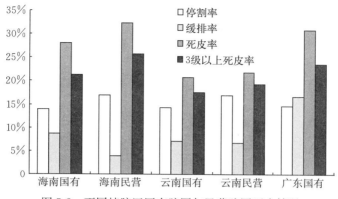

图 5-2　不同植胶区国有胶园与民营胶园死皮情况

15.74％，当割龄大于 15 年时，橡胶树死皮率达 38.91％；就停割率而言，5 割龄以下者低于 2.70％，6～10 割龄段为 8.81％，15 割龄以上者为 24.00％（图 5-3）。

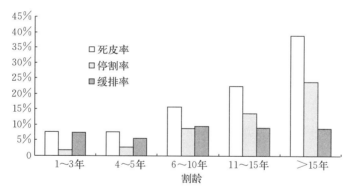

图 5-3　主要植胶区不同割龄橡胶树死皮相关指标

在被调研的 8 个橡胶树主栽品种中，热研 7-33-97、PR107、GT1、RRIM600 和南华 1 号 5 个主栽品种的调查株数超过 1 000 株，其死皮率与停割率从小到大的顺序依次均为：热研 7-33-97＜PR107＜GT1＜RRIM600＜南华 1 号；PR107、GT1 和 RRIM600 的调查总株数超过 5 000 株，其死皮率与停割率从小到大的顺序依次均为：PR107＜GT1＜RRIM600（图 5-4），死皮率和停割率分别在 18.16％～29.04％和 9.55％～17.57％。

从死皮指数来看，云南、海南和广东分别为 18.07、22.24 和 23.69，广东植胶区死皮指数最高，其次为海南，云南植胶区死皮指数最低。无论是云南还是海南，国有农场死皮指数均低于民营农场，且随着割龄的增加，国有和民

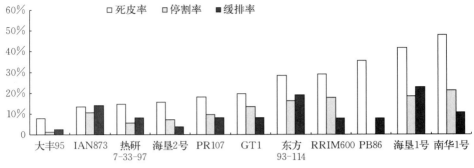

图 5-4 主要植胶区不同品系橡胶树死皮相关指标

营农场的死皮指数基本呈现逐渐增加的趋势，当割龄在 15 年以上时，各植胶区死皮指数基本达到最大值，其中，海南国有农场死皮指数达最大值，为 38.20（表 5-1）。

表 5-1 主要植胶区及不同割龄橡胶树死皮指数

农场	死皮指数	不同割龄死皮指数				
		1~3 年	4~5 年	6~10 年	11~15 年	>15 年
云南	18.07	3.09	3.68	12.11	16.22	32.16
云南国有营农场	17.74	3.09	3.52	12.44	15.66	35.25
云南民营农场	19.52	—	5.59	7.20	27.40	25.52
海南	22.24	5.66	7.93	15.72	21.86	37.11
海南国有农场	21.68	6.11	7.93	16.63	21.76	38.20
海南民营农场	26.06	0.00	—	10.21	25.66	33.89
广东国有农场	23.69	—	—	9.23	14.47	29.42

注：—表示无此割龄。

从不同品系橡胶树死皮指数来看，云南国有农场死皮指数最低为海垦 2 号（2.87），其次为 PR107、GT1，RRIM600 死皮指数最高，为 20.57；云南民营农场中，PRIM600 的死皮指数也高于 GT1。海南国有农场不同品种死皮指数从小到大的顺序依次为：大丰 95＜热研 7-33-97＜PR107＜PB86＜RRIM600＜海垦 1 号，而海南民营农场则为：热研 7-33-97＜海垦 1 号＜ RRIM600＜海垦 2 号＜ PR107；广东国有农场死皮指数最小为 PR107（11.38），最大为南华 1 号（37.45）（表 5-2）。

表 5-2　主要植胶区不同品系橡胶树死皮指数

农场	死皮指数										
	RRIM600	PR107	热研7-33-97	海垦1号	海垦2号	GT1	大丰95	PB86	IAN873	东方93-114	南华1号
云南	20.50	13.82	—	—	2.87	16.62	—	—	—	—	—
云南国有农场	20.57	13.82	—	—	2.87	16.38	—	—	—	—	—
云南民营农场	20.29	—	—	—	—	18.08	—	—	—	—	—
海南	29.24	14.62	9.65	32.96	37.85	—	4.49	19.22	—	—	—
海南国有农场	29.08	13.17	9.58	37.00	—	—	4.49	19.22	—	—	—
海南民营农场	30.91	41.99	9.75	30.27	37.85	—	—	—	—	—	—
广东国有农场	—	11.38	—	30.32	—	18.65	—	—	13.88	22.52	37.45

注：—表示无此品种。

6. 海南植胶区死皮发生概况　2008 年 9～10 月，在海南省农垦总局、海南省天然橡胶产业集团公司与海南省农业厅的支持与配合下，对海南植胶区 12 个国有农场与 5 个民营胶园开展了橡胶树死皮发生情况调研。共调研热研 7-33-97、PR107、RRIM600、PB86、大丰 95、海垦 1 号和海垦 2 号等 7 个主栽品种、10 739 株橡胶树，分别统计死皮率、3 级以上死皮率、停割率和缓排率 4 种死皮相关指标，并通过这些指标综合反映橡胶树死皮情况。调研结果显示，全区橡胶树的平均死皮率高达 28.62％，其中 3 级以上死皮率与停割率分别为 21.93％与 14.27％，具有死皮前兆的割线缓慢排胶（缓排）株数也达到 8.03％（图 5-5）。与区内民营胶园相比，除缓排率外，国有农场橡胶树死皮率、3 级以上死皮率、停割率均低于民营胶园（图 5-6），其中，国有农场的死皮率较民营胶园低 4.20％。

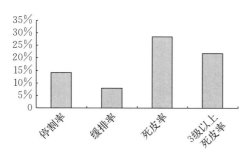
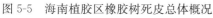

图 5-5　海南植胶区橡胶树死皮总体概况

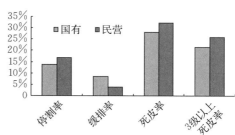

图 5-6　海南植胶区国有和民营胶园橡胶树死皮情况比较

对≤3 年、4～5 年、6～10 年、11～15 年和＞15 年 5 个不同割龄段的橡胶树死皮相关指标进行分析，结果表明，死皮率和停割率均随割龄的增长呈现快速上升的趋势。5 割龄以下死皮停割株数占死皮株数的百分比低于 21.15%，而超过 5 割龄时，死皮停割株数占死皮株数的百分比增加到 50% 以上（表 5-3）。

表 5-3　海南植胶区不同割龄橡胶树死皮相关指标

割龄（年）	调查总株数（株）	死皮株数（株）	死皮停割株数（株）	死皮率（%）	停割率（%）	死皮停割株数占死皮株数的百分比（%）
1~3	1 384	136	24	9.83	1.73	17.65
4~5	1 216	156	33	12.83	2.71	21.15
6~10	2 036	414	217	20.33	10.66	52.42
11~15	2 441	691	367	28.31	15.03	53.11
>15	3 662	1 676	891	45.77	24.33	53.16

海南植胶区 3 个主栽品种热研 7-33-97、PR107 和 RRIM600 的死皮率和停割率从小到大的顺序均为：热研 7-33-97 < PR107 < RRIM600，其中，RRIM600 的死皮率和停割率几乎均为 PR107 的 2 倍，而 PR107 和 RRIM600 的停割株数占死皮株数的百分比超过 50%（表 5-4）。

表 5-4　海南植胶区不同品种橡胶树死皮相关指标

品种	调查总株数	死皮株数	死皮停割株数	死皮率（%）	停割率（%）	停割株数占死皮株数的百分比（%）
热研 7-33-97	1 032	152	57	14.73	5.52	37.50
PB86	51	18	0	35.29	0.00	0.00
PR107	3 612	679	358	18.80	9.91	52.72
RRIM600	5 517	2 052	1042	37.19	18.89	50.78
大丰 95	156	10	2	6.41	1.28	20.00
海垦 1 号	250	106	49	42.40	19.60	46.23
海垦 2 号	121	78	24	64.46	19.83	30.77

7. 云南植胶区死皮发生概况　2009 年 9 月，在云南省农垦总局、云南天然橡胶产业股份有限公司与西双版纳州农业局的支持与配合下，开展云南植胶区橡胶树死皮发生情况调研，共完成对西双版纳分公司 4 个国有农场与景洪市 2 个民营胶园的调研。共调研 GT1、PR107、RRIM600 和海垦 2 号 4 个主栽品种、180 个树位、18 024 株橡胶树，分别统计停割率、死皮率、3 级以上死皮率和缓排率 4 个死皮相关指标。结果表明，云南植胶区橡胶树平均死皮率高

达 20.96%，其中 3 级以上死皮率与停割率分别为 17.84% 与 14.71%，具有死皮前兆的割线缓慢排胶株数也达到调查总株数的 7.10%（图 5-7）。与区内民营胶园相比，除缓排率外，国有农场其余橡胶树死皮主要指标均低于民营胶园（图 5-8），其中国有农场死皮率较民营胶园死皮率低 1.04%。

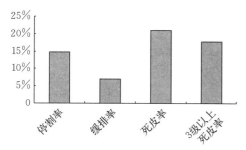

图 5-7 云南植胶区（西双版纳地区）橡胶树死皮总体情况

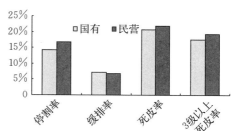

图 5-8 云南植胶区（西双版纳地区）国有和民营胶园橡胶树死皮总体情况

分析云南植胶区（西双版纳地区）5 个不同割龄橡胶树死皮相关指标的结果发现，橡胶树死皮率随割龄的增长而迅速增长，从 1~3 割龄的 4.41% 发展到 15 割龄以上的 35.31%，停割率也呈现同样的趋势，但停割植株数占死皮株数的百分比由 3 龄以下的 43.18% 逐渐增加到 15 龄以上的 74.57%（表 5-5）。可见，在云南植胶区，老龄橡胶林中停割植株在死皮植株中占相当大的比例。

表 5-5 云南植胶区不同割龄橡胶树死皮相关指标

割龄（年）	调查总株数（株）	缓排株数（株）	死皮株数（株）	死皮停割株数（株）	缓排率（%）	死皮率（%）	停割率（%）
1~3	997	82	44	19	8.23	4.41	1.91
4~5	2 160	74	93	58	3.43	4.77	2.69
6~10	5 613	537	800	477	9.57	14.25	8.50
11~15	2 627	148	491	353	5.63	18.69	13.44
>15	6 627	439	2 340	1 745	6.62	35.31	26.33

结果表明，云南植胶区（西双版纳地区）最主要的 2 个栽培品种 GT1 和 RRIM600 的死皮率分别为 19.24% 和 23.75%，停割率分别为 13.59% 和 16.72%，GT1 的死皮率和停割率略低于 RRIM600，而 GT1 和 RRIM600 的停割植株占死皮植株总数（停割总株数与部分排胶总株数的和）的百分比均超过 70%，分别达到 70.64% 和 70.40%（表 5-6）。

表 5-6　云南植胶区不同品种橡胶树死皮相关指标

品种	调查总株数	缓排株数	死皮株数	死皮停割株数	缓排率（％）	死皮率（％）	停割率（％）
GT1	8 284	558	1594	1126	6.74	19.24	13.59
PR107	935	64	153	98	6.85	16.36	10.48
RRIM600	8 505	642	2 020	1 422	7.55	23.75	16.72
海垦 2 号	300	16	11	6	5.33	3.67	2.00

8. 广东植胶区死皮发生概况　分别对广东植胶区内湛江和茂名地区的 7 个国有农场进行死皮发生情况调研。调查了广东植胶区 GT1、PR107、IAN873、东方 93-114、海垦 1 号和南华 1 号等 6 个主栽品种、近 5 000 株橡胶树，分别统计停割率、死皮率、3 级以上死皮率和缓排率 4 种橡胶树

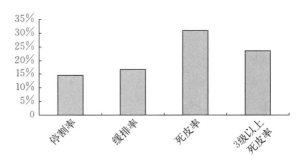

图 5-9　广东垦区橡胶树死皮总体情况

死皮相关指标。结果表明，全区平均死皮率高达 30.90％，其中 3 级以上死皮率与停割率分别为 23.59％与 14.56％，缓排率也达到 16.70％（图 5-9）。

　　分析广东植胶区国有农场 6～10 年、11～15 年和大于 15 年 3 个不同割龄段橡胶树死皮相关指标的结果发现，停割率、死皮率均随着割龄增长而增加，3 级以上死皮率均在 15.55％～17.05％。其中 15 割龄以下橡胶树死皮率在 13.79％～18.25％，15 割龄以上橡胶树的死皮率高达 38.47％。在达到一定割龄时，橡胶树死皮株数与停割株数的比率接近于 2∶1（图 5-10、图 5-11），11～15 割龄和大于 15 割龄橡胶树停割株数占死皮株数的比率分别达到 55.62％和 46.52％。

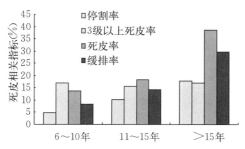

图 5-10　广东植胶区国有农场不同割龄
橡胶树死皮相关指标

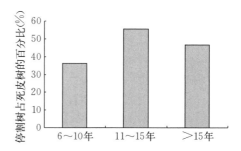

图 5-11　广东植胶区国有农场橡胶树不同
割龄停割树占死皮树的百分比

对广东植胶区国有农场 6 个橡胶树品种的死皮相关指标结果进行分析，发现 GT1、IAN873、PR107、东方 93-114、海垦 1 号和南华 1 号的死皮率从小到大的顺序依次均为：PR107＜IAN873＜GT1＜东方 93-114＜海垦 1 号＜南华 1 号，分别达到 17.02％、17.05％、24.77％、36.42％、41.20％和 48.02％；除 PR107 外，其余品种停割株数占死皮株数的百分比均超过 40％，在 43.20％～ 63.78％之间（图 5-12、图 5-13）。

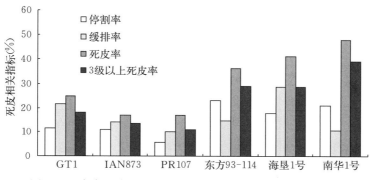

图 5-12　广东植胶区国有农场不同品系橡胶树死皮总体情况

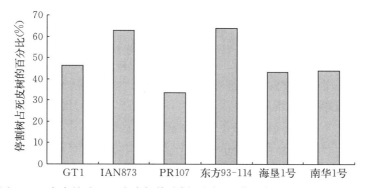

图 5-13　广东植胶区国有农场橡胶树不同品系停割树占死皮树的百分比

9. 死皮树的田间分布　在国外和国内其他地方的调查表明，橡胶树死皮可沿植胶行一株接一株的扩展。通过对三大植胶区的死皮调查发现，海南、云南和广东三大植胶区呈单株分布的死皮株数占该植胶区死皮总株数的百分比分别为：31.58％、36.50％和 37.86％，就全国而言该数据为 34.86％；3 株及以上连续分布的死皮株数占该植胶区死皮总株数的百分比分别为：47.23％、43.61％和 39.02％，就全国而言该数据为 44.25％（图 5-14）。可见，死皮植株存在连株分布的现象。其中连续分布的死皮树形成长短不一的条带，死皮树分布的条带最高长达 37 株（海南植胶区，16 割龄，RRIM600）。

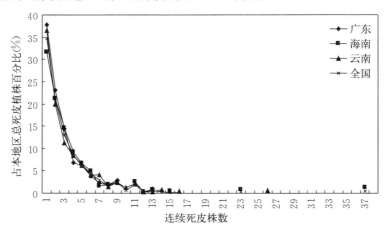

图 5-14　不同植胶区死皮植株分布情况

不同品系橡胶树死皮植株的分布存在明显差异。如图 5-15 所示，热研 7-33-97、PR107 的死皮树大部分呈单株分布，而对死皮比较敏感的南华 1 号、RRIM600 和 GT1 的死皮植株大部分呈连株分布。上文中我们提到各品系的死皮率从小到大的顺序依次均为：热研 7-33-97＜PR107＜GT1＜RRIM600＜南华 1 号；死皮植株连续分布的情况与上述情况趋于一致，即死皮率越高的品系，其连株分布越明显，呈连续分布的植株越多，且死皮树连续分布的条带越长。南华 1 号死皮连续分布的条带相对较短，可能与其样株偏少有关。

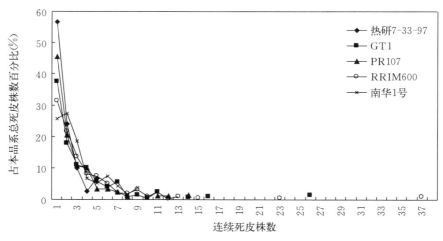

图 5-15　不同品系死皮植株田间分布

不同割龄橡胶树死皮植株的分布也存在明显差异。如图 5-16 所示，2 割龄、4 割龄、8 割龄、13 割龄和 16 割龄的呈单株分布的死皮植株占其割龄死皮植株的百分比分别为：70.39％、64.48％、52.41％、43.84％和 25.22％，随着割龄的增加死皮植株连续分布越明显。0～8 割龄段中，死皮植株大部分呈单株分布，而且，死皮树连续分布的条带较短，呈连续分布的死皮树最高仅9 株，13 和 16 割龄的橡胶树死皮植株大部分呈连续分布，死皮树分布的条带最高达 37 株。表明，橡胶树死皮植株呈连续分布的现象在低割龄较少发生，而在高割龄则较常发生。

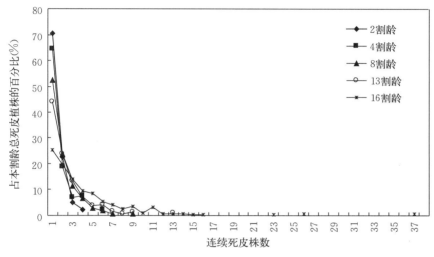

图 5-16　不同割龄死皮植株分布情况

10. 小结

（1）定点调研与全面普查。此次调研是第一次针对我国主要植胶区橡胶树死皮发生情况开展的调研。在定点调研的同时，收集生产部门对本单位橡胶树死皮发生情况的调查资料，但很难收集到完整或相对可靠的数据。海南农垦科技处吴嘉涟（2005）撰文提到，海南农垦已经有 20 多年没有进行橡胶树死皮发生情况的全局普查，从一些农场普查、定位点的资料以及生产抽查作分析评估，全垦区开割树死皮率（含排胶不正常和排胶线内缩）在 25％左右，3 级以上死皮率 10％～15％。本次定点调研中，海南垦区死皮率与 3 级以上死皮率分别为 28.08％与 21.36％。由于调研结果不包含内缩、点状排胶等症状植株，因此，相比于 2005 年公布数据，海南垦区橡胶树死皮率以及 3 级以上死皮率有明显增长。方佳和黄慧德（2004）关于云南天然橡胶产业调研部分指出，2002 年西双版纳各农场 3 级以上死皮率为 23.47％，其中勐醒农场最高，达40.86％，勐捧农场最低，为 16.28％。本次云南垦区（西双版纳地区）国有农场定点调研结果显示，该区平均死皮率与 3 级以上死皮率分别为 20.77％与 17.51％，略低于前述结果。

虽然定点调研结果有一定局限性，可能存在选点片面、品种不全、调查样株偏少等不足。同时，由于进行面上普查难度相当大，标准不统一，获取面上普查资料不完全、不准确；或者因为长年不进行面上普查，生产单位缺乏相关数据，但通过已知的全区或局部面上普查数据，与此次定点调研数据进行比较，我们认为定点调研数据虽有不足，但也接近真实情况，希望能通过今后的定期定点调研，补充和完善此次调研的结果，尽可能收集面上普查资料，提供更准确的橡胶树死皮发生发展数据。

（2）国有胶园和民营胶园死皮率差异。本次死皮调研一共涉及三大植胶区 24 个国有农场和 8 个民营胶园。总体来讲，海南、云南和广东三大植胶区国有农场橡胶树死皮率、3 级以上死皮率、停割率均低于各自地区民营胶园。民营胶园基本可以分为两类，一类是集约化种植和以生产为主的地方农场和个体植胶户联合经营的股份制胶园，另一类是自主生产和经营的个体植胶农户。由于与国有农场在宜胶地资源、管理体制和经营模式等方面存在差异，2000 年之前，民营胶园橡胶树品种配置和树龄结构相对单一，中、小割龄橡胶树面积较小，可割树趋于老龄化，也是此次调研中死皮率较高的原因之一；而 2000 年之后，受橡胶价格走高激发，民营植胶发展迅猛，加之民营胶园与个体植胶户更容易接受或尝试种植新品种，民营胶园橡胶栽培品种呈现多样化趋势，调研中对民营胶园定点调查取样不足，尤其缺乏个体植胶户橡胶树死皮发生状况的了解。另外，在管理经验和生产技术方面的差异也是导致民营胶园死皮率高于国有农场的直接原因。缺乏组织的个体植胶农户之间，由于基层农业技术服务以及胶农自身素质参差不齐，使得胶园橡胶树死皮率也明显不同，个体植胶农户对死皮的认识以及对死皮的主动防控意识极其缺乏。

（3）死皮树连株分布现象。橡胶树死皮树在田间会沿植胶行呈连续的带状分布，Soyza（1983）对斯里兰卡的调查和分析表明，在 RRIM600、RRIM623、PB82/59 品系的胶园中，橡胶树死皮树连株分布的现象较普遍。苏海鹏等（2011）对西双版纳的胶园进行调查，也发现橡胶树死皮树沿植胶带蔓延的现象。我们的调查表明，三大植胶区死皮树存在不同程度的连株分布，且随着割龄的增长，其连株分布越来越明显。有研究（Nandria et al.，1991；郑冠标等，1988；陈慕容等，1993，2000）认为，橡胶树死皮树沿植胶带蔓延是由某种具有传染性的病原导致的，死皮树在田间的分布与某种传染性的病原物有关。前人通过各种病原学方法从死皮树中分离出疫霉属、腐霉属、刺盘孢属等病原菌，但最终证明这些微生物是腐生物或者是次生病原。也有研究认为，死皮树的分布与土壤因素有关，土壤的黏度与橡胶树死皮率存在正相关关系。Pellegrin 等（2007）和 Peyrard 等（2006）研究表明，橡胶树死皮植株呈现出特定的空间分布。Nandris 等（2005）对一些开割树位的死皮流行规律研究表明，早期死皮树发生的位置不是随机的，其主要发生在靠近沼泽、胶园道路、边行、原推土机过道、树桩残余地和斜坡缓冲地等区域，他们认为死皮的发生与土壤的化学因素没有显著的相关性，但是土壤物理测定（如土壤紧实度）表明，死皮树较差的根系与土壤较高的紧实度有关。

二、广东、云南部分农场死皮现状追踪调查

1. 广东部分农场死皮现状调查 针对广东省茂名农垦局部分农场热研 7-33-97 开割胶园死皮高发的问题，2019 年 6 月，中国热带农业科学院橡胶研究所与广东农垦热带作物科学研究所派出相关专家，会同广东农垦茂名局相关部门负责人联合组成调研小组，调查部分死皮高发胶园，了解胶园生产与管理、遭受风害与寒害等自然灾害情况。

（1）调查背景。橡胶树死皮是生产期内影响其单位面积产量的核心因素之一，且伴随割胶生产不可避免。热研 7-33-97 是一个较耐死皮的品种，从生产表现结合田间实际调查结果看，其前期（开割 1～3 年）的死皮率较低，后续随着割胶年限增长死皮率逐步上升，但整个生育期内死皮率大致在一个合理的范围内。目前，广东垦区大规模种植热研 7-33-97，其平均产量较高，稳产性、抗逆性也较好，但粤西部分农场部分林段死皮率较高。

（2）调查的农场及品种。调查的农场包括广东省茂名农垦局下属建设农场、新时代农场、胜利农场、团结农场、曙光农场以及广东省红五月农场，调查的品种为热研 7-33-97。

（3）各农场调查样点基本情况与死皮概况。

① 建设农场。建设农场有 40 多万株热研 7-33-97，品种占比超过 90%，共调查 4 个胶园，包括建设农场十九队 2 个、七队和向阳山庄各 1 个（表 5-7）。其中，十九队调研点 1 胶园死皮率高，开割 7 年死皮率即达到 44.7%，割胶深度为 0.18～0.22 厘米，种苗来自海南，2008 年寒害后锯干重培；2015 年遭受超强台风"彩虹"重创（不少植株树干发生扭曲），风害前调研点 1 橡胶树产量与死皮增长情况正常，风害以后树势受到很大影响。调研点 2 同样处于2015 年台风"彩虹"影响重灾区的十九队，且与调研点 1 为同一胶工，受风害较重，开割 4 年，死皮率约为 20%。调研点 3 位于七队"6 龄苗工程"示范区，管理规范，受 2015 年台风"彩虹"影响较轻，开割 5 年，死皮率为9.6%。调研点 4 位于"向阳度假山"，开割 4 年，存在割胶技术较差、部分死皮植株早割阴刀的问题，死皮率超过 10%。

整体来看，建设农场热研 7-33-97 新开割胶园死皮较为严重，应该与近年台风等自然灾害影响有直接关系，加之，肥料投入不足导致树势衰弱，极大可能造成部分受风害影响严重胶园死皮高发；另外，胶工短缺与管理难度增加，导致割胶技术水平整体有所下降，超深割胶、新开割热研 7-33-97 胶园不合理刺激等因素也加重了死皮发生。

表 5-7　建设农场调查样点基本情况与死皮率

编号	地点	种植年份	纯度	苗源	地形	风害	寒害	割胶技术	死皮率（%）
1	十九队	2006	纯	海南	坡地	较重，2015年"彩虹"台风影响大	轻	一般	44.7
2	十九队	2009	一般	海南	坡地	较重	轻	一般	20
3	七队（示范区）	2008	纯	海南	坡地	一般	轻	较好	9.6
4	向阳度假山	2009	纯	海南	坡地	一般	轻	差，乱割阴刀	超过 10%

注：数据均来自农场提供，下同。

② 新时代农场。新时代农场植胶总数约 60 万株，其中热研 7-33-97 占比达到 10%。第三代胶园品种主要有湛试 327-13、热研 7-33-97 等。由于地处化州北部，受寒害威胁较大。调研的 2 个胶园中（表 5-8），位于二十三队的调研点 1 地形主要为丘陵，橡胶树分布于不同小丘陵，间作水果、龙眼，死皮停割率 20%～30%。岗位中一个单独的小丘陵上橡胶树死皮率超过 50%，且部分植株刚开割即出现死皮，而坡脚延伸至附近道路两边的同一割胶岗位的橡胶树死皮率并不高。不排除间作物用药量大，造成土壤残留，促使橡胶树死皮发生，但受小地形影响导致其易遭受寒害是死皮率高的主要原因。调研点 2 位于十九队，与调研点 1 同年种植同年开割的胶园死皮率则仅为 2.8%。

表 5-8　新时代农场调查样点基本情况汇总

编号	地点	种植年份	纯度	苗源	地形	风害	寒害	割胶技术	死皮率
1	二十三队	2005	纯	海南	丘陵	轻	轻	较好	20%～30%，局部超 50%，而邻近树位同一胶工死皮轻
2	十九队	2005	纯	海南	坡地	轻	轻	较好	2.8%

③ 胜利农场。胜利农场共植胶 86 万株，其中热研 7-33-97 占比略大于 10%，调查样点包括九队 35 号树位、四队 62 号树位和七队。从 3 个胶园调查结果来看（表 5-9），虽然不同调研点死皮率有一定差别，但整体偏高。究其成因，应与乙烯利不合理使用有关，在胶园现场，死皮率较高的林段均能看到割面明显隆起，即"树皮肥肿"；超施乙烯利，施药部位则会出现更明显肥肿或隆起，这种现象在胜利农场调研点 2（四队 62 号树位）更明显。经了解，该树位开割后即采用较高浓度刺激割胶，且长期使用超高浓度刺激，导致超过半数植株停割，割面整体明显隆起。

表 5-9 胜利农场调查样点基本情况及死皮率

编号	地点	种植年份	纯度	苗源	地形	风害	寒害	割胶技术	死皮率（%）
1	九队 35 号树位	2006	纯	海南	坡地	轻	2008 年锯干重抽	一般，S/2 d5，1-3 a ET 浓度分别为 0.5%、1%、1.5%，割面明显隆起	6.0
2	四队 62 号树位	2006	一般	海南	坡地	轻	2008 年锯干重抽	一般，S/2 d5，1-3 a ET 浓度分别为 0.5%、1%、1.5%，割面明显隆起	很重（死皮试验点）
3	七队	2008	纯	海南	坡地	轻	轻	较好，S/2 d5，割面明显隆起	12.5

④ 团结农场。团结农场第三代胶园主要从 2006 年开始种植，品种以热研 7-33-97 为主，总株数约 20 多万株。经过多年试种，团结农场生产部门认为该品种生长快、产量高，虽不够抗风，但灾后恢复效果好。其开割前两年的产量可达 1.6 千克、2.0 千克，产量较高。在割胶制度上，该场倾向于认为乙烯利刺激会导致死皮增加而产量不增加，因此坚持不使用乙烯利刺激。在该场共调查了 2 个点（表 5-10），胶园林相整齐，风寒害较轻，产量高，而死皮率较低。

表 5-10 团结农场调查样点基本情况及死皮率

编号	地点	种植年份	纯度	苗源	地形	风害	寒害	割胶技术	死皮率
1	邦田队	2009	纯	海南	坡地	轻	轻	一般，割制 S/2 d6，不涂药，存在三角皮	轻
2	白沙队	2006	一般	海南	坡地	轻	2008 年锯干重抽	较好，割制 S/2 d6，不涂药	很轻

⑤ 曙光农场。曙光农场目前是第二、三代胶园并存，第二代胶园主栽品

种为 PR107，第三代胶园栽培品种以热研 7-33-97 为主。同其他农场一样，曙光农场 2010 年前种植的热研 7-33-97 橡胶种苗来自海南；而且，由于当时苗源紧张，即使同一年同一批种苗均购自不同私人育苗点。在割制上，主要为 S/2 d5 或者 S/2 d6，前 2 割年不涂乙烯利，第三割年开始涂药，用药浓度范围在 0.5%～1.5%。

4 个调研点割胶水平一般，开割不足 3 年的胶园中，死皮停割株又多使用阴刀割胶，且存在超深割胶、乙烯利使用不合理等问题，许多植株割面均明显隆起（树皮肥肿）。同时，当种苗供不应求时，种苗质量因不同来源而异，私人育苗点不符合规范（《橡胶树苗木》GB/T 17822.2）的种苗会引起开割后植株低产的风险，或引起植株早衰、死皮停割。曙光农场调研点 1 与调研点 2 胶园种苗购自海南同一育苗点，但调研点 2 的 2 个割胶岗位种苗分别于 2008 年与 2009 年购进，其中 2008 年购买种苗与调研点 1 种苗为同一批；此外调研点 3 种苗虽然也是于 2008 年购进，但与前 2 个调研点种苗来源不同（表 5-11）。初步推断，种苗质量是调研点 1 与调研点 2 的 2008 年种植胶园死皮较重的主要原因。调研点 4 胶园存在超深割胶现象，割面明显隆起（肥肿），推测其高死皮率主要与割胶技术以及乙烯利使用偏早、浓度偏高有关。

表 5-11　曙光农场调查样点基本情况及死皮率

编号	地点	年份	纯度	苗源	地形	风害	寒害	割胶技术	死皮率
1	十一队	2008	纯	海南	平地	轻	轻	较差，S/2 d5，死皮连片，割阴刀	23%，为 3 胶工割胶，均较重
2	十二队	2008、2009	纯	海南	平地	轻	轻	一般	同一胶工，2008 年死皮重，2009 年死皮轻
3	五队	2008	一般	海南	平地	一般	轻	一般	死皮较轻
4	十九队	2007	纯	海南	坡地	轻	轻	一般，超深割胶，割面隆起	死皮较重

⑥ 红五月农场。针对广东省红五月农场热研 7-33-97 少部分开割胶园死皮高发的问题，中国热带农业科学院橡胶研究所与湛江实验站派出相关专家，会同广东农垦阳江局及广东红五月农场相关部门负责人组成调研小组，调研死皮高发胶园。红五月农场位于阳江市阳东区塘坪镇，塘坪镇新陂村以西、漠阳江旁省道 277 以东中间大片低矮丘陵地带即为红五月农场土地，最高的丘陵位于农场四队，相对高度约 100 m。据 2019 年 5 月统计数据，2006—2009 年间，

红五月农场先后种植热研 7-33-97 橡胶苗 6 万株，占比达到全场橡胶种植总株数的 13％，分布于 3 队、4 队、5 队、15 队、19 队和 24 队，并在 2014—2019 年间陆续开割，2019 年割制已统一改为 5 d 一刀，每年涂药 3 次，第一次涂药浓度为 0.5％，其余 2 次为 1.0％。现有开割树约 3.36 万株，死皮停割植株 0.59 万株，停割率达到 17.5％；仍有 2009 年种植的未开割树 1.35 万株。从热研 7-33-97 已开割的几个主要岗位来看，死皮率增长速度较快，开割 3 年之后，死皮率即超过 15％（表 5-12）。

从表 5-12 可以看出，19 队、24 队热研 7-33-97 开割胶园死皮率明显高于其他生产队，死皮高发胶园分布比较集中，开割植株的平均死皮率为 17.9％。通过实地调研与分析，我们认为导致红五月农场部分热研 7-33-97 开割胶园死皮高发的主要原因为寒害，即因为胶园所处地形复杂，使其部分区域连年遭受冬季经常性低温引起轻度寒害，而长年的寒害影响树体生长，最终导致树体生产功能减弱，造成植株发生死皮。

表 5-12　红五月农场部分热研 7-33-97 开割胶园死皮发生情况

队别	种植年份	种苗来源	岗位	割龄（年）	割制	开割年份（年）	总割株（株）	死皮株数（株）	死皮率（％）
3	2009	海南芽条自育	胶工 1	3	5 d 一刀	2016	1 532	341	22.3
			胶工 2	2	5 d 一刀	2017	1 745	127	7.3
						2019	1 618	9	0.6
5	2006	海南芽条自育	胶工 3	3	5 d 一刀	2016	486	86	17.7
19	2006	海南裸根苗	胶工 4	4	4 d 一刀	2015	1 278	447	35.0
24	2006	海南裸根苗	胶工 5	5	4 d 一刀	2014	2 844	769	27.0
	2010	海南芽条自育	胶工 6	1	5 d 一刀	2018	541	23	4.3
合计							10 044	1 802	17.9

2. 云南耿马县民营胶园死皮现状调查　截至 2019 年年末，耿马县橡胶累计种植面积 4.19 万 hm²，涉及孟定、勐简、勐撒 3 个乡（镇）和孟定、勐撒 2 个农场管委会下辖的 68 个村、2.12 万农户、8.7 万人。开割投产面积 2.34 万 hm²，干胶产量 3.52 万 t。橡胶主要分布在海拔 450～1 000 m 的低热河谷地区，其中南汀河流域种植面积占总面积的 80％以上，目前种植的主要品种有 RRIM600、PR107、云研 77-2 和云研 77-4。

分别考察孟定镇四方井、芒团、贺海、罕宏、芒美与勐简乡大寨村的多个民营胶园，割龄分别为 3～5 年、8～9 年和 22～25 年。这些民营胶园割胶技术存在问题具体有以下几种情况：① 第一割面开线高度太低，在离地面 110 cm（甚至更低）处开线；② 割胶刀数偏多，每刀耗皮量大（年耗皮在

30 cm左右）；③ 对低割线（20 cm以下）没有进行挖潜，因而一面原生皮只能割3～4年，两个割面原生皮只需6～8年全部耗完，致使原生皮消耗过快，而此时再生皮尚未恢复到可以割胶的厚度，出现提前强割的情况，伤口较多，致使再生皮恢复不平整，难以再利用，导致橡胶树生产周期缩短；④ 由于对新品种（云研77-2和云研77-4）生长与生产特性缺乏了解或种苗生产质量等原因，胶园产量低下，胶农为了获取胶乳连续几年超深割胶，导致胶园橡胶树死皮率与停割率高发，有的胶园多数橡胶树甚至面临停割。

孟定农场共种植橡胶面积4 286.7 hm²，开割面积3 446.7 hm²，年产干胶3 670 t左右。2013年4～5级死皮植株达到23%，此前每年递增2.5%，2014年反而有所下降，与市场胶价持续低迷有一定关系，2019年4～5级死皮率22.2%。橡胶新品种热研8-79、热研87-4-26和热垦628等的试种情况良好，针对不同品种制定合理割胶制度，死皮率低。

3. 小结 从对广东、云南部分农场的死皮调研结果可以看出，不同农场胶园均存在不同程度的死皮率。死皮率的高低受多种因素影响，包括胶工的割胶技术、品种、种苗、乙烯利刺激剂强度、自然灾害等。及时跟踪调查胶园的死皮发生情况，了解死皮发生的原因，并制定合理的预防和控制死皮的措施，才能有效降低死皮的发生，提高胶园的产量。

三、死皮发生的原因分析

1. 割胶技术与死皮 过度刺激与强度割胶是一些胶园死皮发生加剧的主要原因，包括加刀、加线、超深割胶、延长割线、过量刺激（加大刺激剂浓度、加大用药量、增加涂药次数）和加大割线斜度等。近年来，民营橡胶发展迅猛，但民营胶园生产技术与管理总体水平较低，多数胶园在树龄20年左右就出现"有树，没有皮；有皮，没有水"的现象，主要原因之一就是没有进行科学的合理的割面规划。如果割面规划不合理，即年割胶刀数太多或者每刀耗皮量太大，原生皮消耗过快，而再生皮尚未恢复到割胶需要的厚度，从而出现被迫中途停割或提前强割的情况，导致橡胶树生产周期缩短，明显影响经济效益。如云南耿马县民营胶园普遍存在割面规划混乱的问题，其中四方井和芒团的2个胶园，割龄均小于8年，由于耗皮量大，大约8年之后将无皮可割，若继续强割，会对再生皮造成致命的伤害；而孟定镇贺海与勐简乡大寨村2个割龄超过20年的胶园在近年也出现与上述中、小割龄胶园相似的问题，导致死皮率骤增，尤其所考察的大寨村胶园4～5级死皮植株超过40%，死皮发生严重程度可想而知；孟定镇罕宏村一些胶园在开割3～5年时就出现产量低下，橡胶树死皮率与停割率相当高，明显超出相应割龄正常范围值，其中部分胶园多数植株面临停割的现象。表面上看，除存在上述共同的割胶技术问题外，超深割胶的现象尤其突出，割面伤口较多，最终导致死皮出现；而实际上开割后低产引起胶农割胶技术粗放是造成这种状况的根本原因。

2. 品种与死皮　对于所在植胶区主栽品种，如果没有根据不同品种特性应用适宜的割胶技术规程进行割胶生产，也会明显增加橡胶树死皮的发生。尤其是一些高产新品种，如热研 8-79，应该根据其生产特性和生长性状进行割胶生产，调整割胶深度与刺激技术，才不至于伤树而致死皮高发，从而保证稳产。2015 年调研的 3 个民营胶园均以 RRIM600 为主，由于前期比较注意控制割胶深度，死皮发生程度并不高。因此，把橡胶树死皮绝对地与橡胶树品种联系起来有失偏颇，人为因素起着更多负面作用。

此外，经过多年推广，抗寒高产新品种云研 77-2 与云研 77-4 在云南植胶区已经成为企业与胶农胶园更新时选择的主要品种。同时，人们在多年的种植与生产的过程中逐渐发现，2 个品种在立地条件较好的地方种植时，其高产特性表现的并不明显，开割初期产量可能会低于预期；基于上述原因，国有农场更新时选择这 2 个品种会考虑相应的立地条件，而胶农土地有限，没有选择的余地。因此，种植的橡胶树开割后，由于产量明显低于预期，胶农会采用比较粗放的割胶技术，不但存在第一割面开线高度太低、割胶刀数偏多、每刀耗皮量大等老问题，超深割胶的现象尤其突出，造成割面伤口较多，最终导致死皮出现，产量更低，甚至停割，这样的情况在孟定镇民营胶园普遍存在。例如，罕宏村技术能手岩占（者店组）的 400 株橡胶树（品种为云研 77-4）开割 4 年即处于上述境地，多数植株已面临停割。由此可推断，在一定立地条件下，橡胶树品种生长与生产特性在受到局限时，也有可能间接引起死皮率上升。

3. 种苗质量与死皮　种苗质量是橡胶树生产中最基础和最关键的环节。种苗质量不合格也可能由开割初期低产，进而逐渐引起死皮高发，这类死皮看起来似乎是"天生"的，但并不是传统意义上的橡胶树死皮。目前，这种由种苗质量问题导致开割低产、进而演变成死皮的现象在各个植胶区多有发生。

2005—2010 年间，广东垦区对热研 7-33-97 种苗需求量大，许多农场到海南求购种苗，一时间，合格的种苗难以满足巨大的市场需求。许多种苗生产者没有生产种苗的资质，不搞苗圃基础建设或基础建设水平很低，生产的种苗也没有经过国家或地方有关部门的检测，不合格种苗进入市场。同时，由于缺乏科学的种苗生产知识与受利益驱使，当地多数种苗生产者没有按照种苗生产规定建设增殖圃，部分生产者甚至直接取用成龄橡胶树枝条作繁殖材料。

林木的阶段发育理论表明，树木根为幼态，距根基部越近，老态程度越低；距离越远，老态程度越高。一般认为，橡胶树"幼态"材料的后代在产量、生势、抗逆性等方面明显比"老态"无性系要好。这种以高部位成龄的老态橡胶树枝条作为芽条，直接影响了种苗质量，导致新开割胶园生长缓慢，产量低下，如为增加产量而采用不合理生产措施，更会因此引起"死皮"高发。如曙光农场，不同调研点种苗来源相同，但同一胶工不同批次种苗的胶园死皮率明显不同，可以认为种苗质量是造成胶园低产、进而引起死皮高发的主要原因，购买不正规苗圃的种苗将会增大胶园投产后的生产风险。

因此，在生产中，种苗生产的接穗部分应尽可能使用以科学方法按一定程序建立的增殖圃扩繁的"幼态"芽条，至少也应使用经纯化复壮后的老态芽条，以规避因接穗质量带来未来生产中的低产、甚至死皮严重等的风险。

4. 自然灾害与死皮 低温寒害、风害是影响橡胶树生长与生产的主要自然灾害，许多胶园在生育期内会历经多次灾害，而这些灾害会对橡胶树树体产生不同程度的损伤，影响其生势，导致产量降低，甚至出现类似死皮的症状，进而成为引起死皮高发的主因。

在风害影响方面，在广东建设农场等调研点同一胶园风害前后，橡胶树树体生长与生产情况明显不同，风害后，死皮率急剧上升，超过 40%，风害重灾区胶园新开割树死皮率较高；在寒害影响方面，新时代农场部分胶园局部死皮率超过 50%，推测其受小地形影响引起橡胶树遭受寒害是死皮率高的主要原因。

5. 生产管理与死皮 近 30 年来，品种更替、机械化耕种、环境变化、养护失控和管理变革等因素使得橡胶树死皮的发生与流行更加趋于复杂，死皮发生状况更加严重。如果忽视或放松生产管理细节（施肥、抚管与割胶技术等），就会造成死皮率明显增加。如一些农场热研 7-33-97 死皮率高的主要原因与乙烯利不合理使用有关，在死皮率较高的林段能看到普遍性的割面明显隆起，皆因外源乙烯利促进树皮薄壁细胞分裂，使细胞数目增多，导致施药部位及其附近树皮发生肥肿、增厚。对于橡胶树主栽高产品种而言，经长期高浓度超量刺激，不但使多数植株过早形成死皮，甚至停割，而且由于过度攫取产量使树体完全失去产胶能力，即使采取措施也难以恢复。另外，在广东垦区其他农垦局一些农场热研 7-33-97 胶园也发现，去年生产季中期割面明显凹陷，显示超深割胶迹象。

6. 胶价与死皮 2000 年后，胶价持续走高，直到 2011 年年初达到 4.5 万元/t 的高点。这段时期，橡胶树死皮率同样增长明显。孟定农场数据显示，2013年以前，4～5 级死皮率每年递增 2.5%；而到 2014 年后，橡胶树死皮率却有所下降，这可能与 2012 年后胶价持续低迷有一定关系。但对于以天然橡胶生产为单一经济作物的多数小型民营胶园或许存在另外一种可能，为了增加单位面积收入，即使在胶价低迷的时候，同样会存在强度割胶，死皮率同样增加明显。耿马县大部分民营胶园存在上述问题，虽然目前有些胶园死皮率与停割率并不明显，但由于普遍存在耗皮量大的问题，再生皮割胶时即会出现伤树，进而严重死皮。此外，胶价过低，企业与胶农为节约成本，放松对管理与生产技术的要求，也会导致死皮率上升。

7. 小结 通过近些年来对胶园的实地走访和调查，我们综合分析了死皮发生的可能原因。死皮的发生主要与割胶技术、品种、种苗质量与自然灾害紧密相关，此外，胶园的生产管理措施、经营属性与胶价也是影响死皮发生的重要因素。因此，要想减少死皮的发生，必须综合考虑各个因素，同时，植胶部门应及时调查胶园的死皮情况，分析死皮发生的原因，制定合理的补救措施，才能减少死皮的发生。

四、死皮防控建议与策略

橡胶树死皮是制约天然橡胶产业发展的重要因子之一，对其进行有效的防控一直是急需解决的重大生产实践难题。由于目前对死皮的成因、发生发展规律仍不完全清楚，因此也很难开发出高效的死皮防治药剂和防控技术。目前，针对橡胶树死皮的总体原则是"预防为主，综合防治"：首先应以预防为主，加强管理，正确处理好管、养、割三方面的关系，同时应加强耐性品系的选育；另一方面，针对不同的死皮类型、严重程度，可通过减刀、降低乙烯利刺激强度、停割、割面轮换或使用死皮防治药剂等措施部分或者全部恢复死皮树的产排胶功能。具体防控建议与策略主要有以下几个方面：

1. 选择宜胶林地 宜胶林地规划是橡胶种植业成败的关键，选地时应根据橡胶树对环境条件的要求进行。随着橡胶树栽培北移在我国的成功及前几年橡胶价格的上涨，很多农场和胶农都在想方设法扩大橡胶树的种植面积，这其中包括许多非宜胶林地。实践表明，橡胶树的产胶能力受其生长的环境（地域）影响很大，如气候、土壤、水分等都会直接影响到橡胶树的生长和胶乳的形成。同一品系在同等气候条件下，土壤肥沃、水分充足的地方，橡胶树生长茂盛、树围增粗快、树皮厚而软、乳管饱满、胶水多、树皮各组分分界线明显；而土壤贫瘠、水分不足的地方，橡胶树长势差、树围增粗慢、树皮薄而硬、乳管细少且紧靠水囊皮、胶水少。通常，在正常割胶强度下，立地环境条件好的橡胶树产胶多、死皮少。Nandris 等（2005）对橡胶树树干韧皮部坏死（TPN）的研究发现，早期患树发生的位置不是随机的，主要发生在靠近沼泽、胶园道路、风干行、原推土机过道、树桩残余地和斜坡缓冲地等区域；土壤物理参数（如土壤紧实度）测定表明，患树较差的根系与土壤较高的紧实度有关；PMS 压力计测定表明，患树存在严重的水分胁迫。因此，为减少胶园死皮率，在规划胶地时，要尽量选择气候条件好、雨水充足、土壤肥沃、地势平坦开阔（坡度＜35°）的宜胶林地，应避免路边、山顶、低洼等地。

2. 选育耐割耐刺激的橡胶树新品系 橡胶树的生长寿命约 60 年，经济寿命可达 30 年以上，有的甚至长达 40 年，因此，选用高产、高抗、耐割、耐刺激的优良品种显得尤为重要。不同橡胶树品系（不同基因型）其死皮率存在明显差异。例如，无性系海垦 1、RRIM707、RRIM501、RRIM600、PB5/63、RRIC101、PB25/59、GL1、RRIM623 和 PB260 对死皮敏感，PB235、PB86、RRIC100 和 GT1 次之，而无性系 PR107、RRIM513、热研 7-33-97、热研 88-13、AVROS2037 和 AF261 相对耐死皮。通常，代谢活性强、堵塞指数低、产量高的无性系相对容易死皮。另一方面，不同品系耐割耐刺激的程度也存在明显差异，例如 BD5 的耐割程度明显强于 Tjir1 和 PR107，而 PR107 耐乙烯刺激的程度明显强于 RRIM600；不同品系适合的割线长度和割胶频率也不同，如强割时，Tjir1 适于延长割线、不适合增加割胶频率，而 PR107 适合延长割线或提高频率；一般来讲，堵塞指数越低、排胶越流畅的品系，越不耐割耐刺激。研究表明，耐割特性可以遗传，如以不耐割品系海垦 1、RRIM513 和 PB5/63 作亲本的杂交后代热研 6-4（PR107×海垦 1）、热研 217（PR107×RRIM513）和大岭 17-155（PB86×PB5/63）均表现出不耐割、易死皮的特点。

适地适种优良新品种是提高橡胶产业效益的最主要途径之一，但也需充分了解新品种生长与生产特性，掌握新品种割胶等配套高产栽培技术，才能发挥新品种潜在优势。经过多年的推广与生产实践，热研 7-33-97 被证明是一个高产稳产中抗的优良品种，并被广东垦区植胶企业广泛认可，成为不少农场第三代胶园的主栽品种。

对老残、低产的胶园在胶价低时加快更新，在下一次胶价回升时就能投入生产，取得较好收益。推广适合当地种植的新品种是提高橡胶产业效益的最主要途径之一，也是最简捷的途径，但需要了解新品种生长与生产特性，掌握新品种割胶技术，才能发挥新品种优势。

3. 针对地域环境和品系特点选择合适的割胶制度 由于不同品系耐割、耐刺激程度不同，且同一品系在不同生长环境下的长势也存在明显差异。所以，在某一特定的地域条件下，有必要根据品系特性选择合适的割胶制度。由于我国胶园分布于不同纬度，地理环境不同、气候条件复杂、主栽品种不同，因而同一种割胶制度很难适合不同地区。一种特定的割制一般都包含割线长度、割胶深度、割胶频率及刺激剂使用情况等内容，而割线长度、割胶深度、割胶频率及刺激割胶等都与死皮的发生率与轻重程度密切相关。一般来说，割线越长、割胶越深、割胶越频繁、刺激割胶，橡胶树损伤越大，死皮率越高、发生程度越严重。

（1）严格控制开停割标准，合理进行割面规划。

① 开割标准。对新开割的林段，同林段内离地 100 cm 处树围达 50 cm 的株数占总株数的 50％时，正式开割。已开割的林段，第一蓬叶已老化植株达到 80％以上方可动刀开割。对物候不整齐植株，叶片老化比例达 80％以上的，按达标植株对待。

② 停割标准。单株黄叶（或落叶）占全株总叶量 50％以上，单株停割；一个树位有 50％停割株的，整个树位停割；一个生产单位有 50％树位停割的，全单位停割；早上 8 时胶林下气温低于 15 ℃，当天停割，连续 3～6 d 出现低温停割的，当年停割；年割胶刀数或耗皮量达到规定指标的，停割；干胶含量已稳定低于冬季割胶控制线以下的，当年停割。

③ 割面规划。刺激割制芽接树新割线下端离地面高度，第一、二割面 110～130 cm，再生皮割面按原高度不变；非刺激割胶芽接树第一割面 130～150 cm，第二割面 150 cm，同一林段内割线方向要一致。

④ 割线倾斜度。阳线割线自左上方向右下方倾斜 25°～30°，阴线割线自左上方向右下方倾斜 40°～45°。

（2）严格控制割胶深度及厚度。割胶对橡胶树来说是一种反复的机械伤害，而机械伤害必然导致一些细胞、组织的死亡。割胶的原则是最大限度地割断产胶能力强的成熟乳管，而尽量不要伤及运输光合同化物的筛管组织。橡胶树的树皮由周皮、韧皮部和形成层等部分组成，我国割胶工人根据其割胶的实践经验，将树皮划分成几个肉眼可以辨认的层次，作为掌握割胶深度的标准，这些层次由内向外分为水囊皮、黄皮、砂皮内层、砂皮外层和粗皮。砂皮内层和黄皮含有大量产胶能力强的乳管，是主要的产胶部位；水囊皮是活性筛管的主要密集地，一旦切伤就会留出水样的液体，它是有输导功能的韧皮部。研究和生产实践都表明，割胶深度越大，对橡胶树伤害越大、死皮越严重。1978—1979 年，云南热作所对 1965 年定植的 RRIM 600 两个树位进行不同深度割胶试验，结果显示，深割到距离形成层 0.115 cm，两年中死皮率 10.6％，死皮指数 8.8；深割到离形成层 0.141 cm，死皮率 3.7％，死皮指数 3.3。解剖结构表明，水囊皮的厚度在 0.04～0.09 cm，因此，《橡胶树割胶技术规程》对割胶深度规定：刺激割制 PR107 等较耐刺激品种不小于 0.18 cm，RRIM600 等较不耐刺激品种不小于 0.20 cm；非刺激割制在 0.12～0.18 cm。按《橡胶树栽培技术规程》操作，一般可以避免伤及水囊皮，不直接影响筛管的物质运输。值得注意的是，虽然很多时候割胶不直接切断筛管，但在割口及其附近，筛管层的外层筛管在伤害的影响下会毁坏，造成养分运输受阻，继而导致死皮。因此，通常割胶过程中，应该在追求产量的同时，适当考虑浅割。

耗皮量：d2～d3 割制，阳线每刀耗皮不大于 0.14 cm，阴线每刀耗皮不大于 0.18 cm；d4 割制则分别不超过 0.16 cm 和 0.20 cm，d5 割制则分别不超过

0.17 cm 和 0.21 cm，按年规定刀数计算耗皮量，每年开割前在树上做出标记，当达到规定界限后，立即停割。

（3）严格控制割胶频率。割胶频率是影响死皮率和严重程度主要因素之一。一般来讲，割胶越频繁、刀数越多，所造成的伤害越大、死皮越严重。实践表明，每年刚开割和年尾停割前是"死皮"发生的敏感期，要适当降低强度；开割前要稳得住，叶片要充分稳定；杜绝雨天割胶；树身不干不割；遇雨天补刀不能连刀，也不能超过 2 刀；高产季节加刀每月不能超过 3 刀；停割前 1～2 月要逐步降低强度，及时停割。

① 刺激割胶。采用 d3 割制，每周期 4～5 刀，年割 60～80 刀；采用 d4 割制，每周期 3 刀，年割 50～60 刀；采用 d5 割制，每周期割 2 刀，年割 50 刀；不能连刀、加刀，所缺涂药周期和刀数可推后补齐，以达到所规定的全年总刀数为准。

② 非刺激割胶（常规割胶）。采用 S/2 d2 割制不进行刺激的常规割胶，年割胶刀数海南 120～135 刀，云南、广东 105～110 刀；采用 S/2 d3 割制，年割胶刀数酌减。

（4）合理使用刺激割胶。乙烯利在提高橡胶树胶乳产量的同时，作为一种衰老性激素，也带来了不容忽视的负面效应。因此要严格按照《橡胶树割胶技术规程》或产品说明书使用。采用 d3 割制，耐刺激的品种如 PR107、PB86、GT1 等开割 3 年可用 0.5%～1.0% 的乙烯利刺激割胶，随着割龄的增长，刺激浓度可逐步提高，但最高不超过 4%；不耐割的品种如 RRIM600 等开割头 3 年不进行刺激割胶，第 4～5 年可用 0.5% 乙烯利刺激割胶，随着割龄的增长刺激浓度可逐步提高，但最高不能超过 3%。若采用 d4～d5 割制，乙烯利浓度可比 d3 割制相同割龄分别增加 0.5～1 个百分点。刺激割胶要尽量避免在中小龄树上应用，每月施药不要超过 2 次，并严格执行"增肥、减刀、浅割"的措施。

目前，市场上乙烯利刺激剂相关产品繁多，其中很多是三无产品，是非法商家用乙烯利随意勾兑出来的，产品质量难以保证。很多胶农不懂鉴别，购买使用后导致胶园大面积死皮。因此建议胶农使用正规商家生产研发的、大众反应比较好的产品。

4. 建立中心苗圃，规范种苗生产，保证种苗质量　应该建立正规的种苗生产基地或苗圃，严格按标准生产橡胶种苗，规范橡胶种苗的生产和运作。最重要的是按普通苗圃量的 10% 配建增殖苗圃，确保增殖圃品种纯度，严防芽条混淆品种、质量低劣，严防芽接品种错乱。健全市场准入制度，加强种苗质量管理，开展橡胶苗圃清查工作，依据清查结果建立苗圃基地档案，取缔不具备三证（营业执照、生产许可证、经营许可证）的种苗生产经营户。此外，要建立苗圃基地质量认证制度，并实行售前种苗质量检验制度，橡胶产业主管部门（或其授权的组织）对每批次待售苗木进行质量检验，保证种苗生产安全，减少"天生"橡胶树死皮植株，提高产量。此外，保证种苗质量，注重生产与管理，减轻开割初期对橡胶树产量的过度攫取，合理施肥，有助于增强树势，一定程度上可以减少橡胶树个体植株对割胶生产的敏感度，提高抵御自然灾害的能力，减缓或减轻死皮发生。

5. 建立无病苗圃，铲除患病幼树 橡胶树丛枝病是由类菌原体（MLO）及球形、椭圆形的类立克次氏体（RLO）复合侵染所引起的一种传染性病害，其芽接传病率为22%左右。有丛枝病的芽接树，90%会同时发生褐皮病（橡胶树死皮的一种），其余在0.5～1.0年也会发生褐皮病，两者关系密切。目前，生产中使用的橡胶苗木以无性繁殖为主，如果误用带丛枝病的芽条或砧木嫁接的苗木，将导致以后胶园大量的褐皮病发生。据调查统计，增殖苗圃中一个丛枝病树桩在生产胶园可形成24株褐皮病树，并作为侵染来源，继续传播病害，危害其他健康的橡胶树，引起死皮，进而造成更大的经济损失。因此，为了避免患病橡胶树污染苗圃及流入胶园，要不定期地检查苗圃，特别是增殖苗圃，一旦发现患有丛枝病（也包括根病等其他易传染性病虫害）的植株就要及时连根挖起并集中烧毁；幼树定植1～3年内，要定期查看林段，一旦发现枝条变扁、畸形、缩节、丛枝、顶部叶片变小成簇或其他病虫害的患树就要坚决挖除，并在进行相关处理后再补换新苗。

6. 养树割胶与新技术挖潜相结合 胶价长久低迷之时，节本增效与增加单位面积产值是企业与胶农都期望达到的目标。而采用新技术、挖掘天然橡胶产胶潜力是增加单位面积产值的有效途径之一。这些新技术包括高产高效综合栽培技术、低频割胶或气刺短线割胶技术与死皮防治综合技术等。目前，对于低产能或处于更新阶段的胶园应加快更新速度，采用高产高效综合栽培技术培育新一代胶园，蓄积产能。同时，对20年以上老龄胶园或更新胶园，可尝试采用气刺短线割胶技术，对于中、小割龄胶园可采用低频割胶制度（4 d一刀或5 d一刀），以上技术均可兼顾降低割胶强度和应对胶工短缺，达到又可养树割胶，又能节本增效甚至增加单位面积产值的效果，还达到了稳定胶工队伍的结果。对于胶园中轻度死皮植株与4～5级死皮植株，可采用死皮防治综合技术，充分挖掘单位面积产胶潜能，最终提高生产效益，维持产业发展。

7. 民营胶园培养技术骨干，建立示范户、合作社 民营胶园胶农割胶技术存在很多问题，应该依托各种技术力量，建立具有较强技术支撑、固定的协作网络，通过培训技术骨干，建立示范户、合作社，以点代面，促进技术服务与推广，提升民营胶园的管理与技术水平，真正为胶农服务。同时，探索国有农场管理与生产措施民营化，应用于民营胶园，促进胶农增产增收。

8. 提高胶工的技术水平及责任心，加强微观控制　任何一种割胶制度，对于某一株橡胶树来说不可能都是最适合的，因此，在采取统一割制进行宏观控制时，还必须靠每个胶工的微观控制。胶工是生产的主体，他们最清楚每株橡胶树的排胶情况，只有他们发挥主观能动性，灵活运用浅割、耗皮及休割等不同手段进行调控，真正做到因树、因时割胶，才能有效控制死皮的发生。近年来，实行岗位责任制及新老工人的更替，有些胶工责任心不强，有些技术素质差，只是应付上岗，无心也无力对橡胶树的排胶进行微观调控，因此，对于割胶技术较差的胶工，要加强技术培训；同时，也要向胶工普及橡胶树生物学和死皮预兆及防控相关知识；对于责任心不强的胶工要多进行批评教育，适当进行惩罚；对于死皮防控有功的人员可适当进行奖励。

9. 化学防治　对橡胶树死皮植株，结合养树措施的同时，可使用化学药剂进行死皮防治。目前，市场中防治橡胶树死皮的药剂很多，如保01、保卡有机液肥等，虽然对死皮防治有一定效果，但防治效果不理想。切忌病急乱用药，如果盲目使用甚至滥用，会对树体造成多次伤害，使树体彻底失去产胶能力。因此，辨别药剂产品质量的好坏十分重要。

10. 小结　橡胶树死皮防治，提倡预防为主，以橡胶树死皮综合防治措施为核心，以安全割胶技术为基础，引导基层管理人员和胶工重新建立安全割胶的意识，采取积极的态度和技术措施预防和降低死皮发生，使其熟悉主要死皮程度与类型，并掌握应对技术措施，尽早发现死皮，及时进行技术处理。物理防治措施是预防的主要手段，化学防治方式是被动控制措施。以管、养、割技术为核心，尤其是要实行科学割胶、降低割胶强度，做到割胶与养树相结合，避免强割胶和雨水冲胶，并及时处理根病、木龟、木瘤。预防风害和寒害伤皮，还要增施肥料，氮、磷、钾相配合，促进橡胶树正常生长。针对轻度橡胶树死皮，采用割面调整技术与药剂防治技术相结合的方式；针对某些重度死皮类型，采用刨皮、剥皮和开隔离沟等物理防治技术，研发总结前人经验，从技术和刨皮工具两方面提高效率、节约成本，挖掘一些重度死皮树、停割树的生产潜力，最终形成简便易行高效的橡胶树死皮综合防治技术。

五、本章小结

从调研结果来看，海南、云南和广东三大植胶区橡胶树平均死皮率均在20%以上，死皮率相对较高，且有逐年上升趋势。从国有农场和民营胶园的死皮率来看，各植胶区国有农场死皮率均低于民营胶园，这可能因为国有农场生产管理措施、胶工水平等更优于民营胶园；不同植胶区橡胶树死皮率和停割率均随割龄的增长而呈现上升的趋势，说明随着割龄的增加，橡胶树发生死皮的概率增加；不同植胶区不同品种死皮率存在明显差异，相对而言，PR107、GT1 更耐死皮，而 RRIM600 则更易死皮，这些品种在死皮率上的差异说明不同品种由于遗传特性等方面的不同，对死皮的耐受性也不同；从不同植胶区死皮率来看，云南死皮率最低，其次是海南，死皮率最高为广东，这可能由不同植胶区气候、土壤环境等多方面的差异引起。

从对广东、云南部分农场的死皮追踪调查结果来看，各农场均存在不同程度的死皮，有些农场死皮率很高，且引起死皮发生的原因较多，包括割胶技术、刺激剂强度、风害、寒害等。

在对橡胶树死皮调研的基础上，我们综合分析了死皮发生的原因，主要包括割胶技术、品种、种苗质量、自然灾害、生产管理措施等方面。明确死皮发生的原因，进一步提出死皮防控的建议：选择宜胶林地、耐割耐刺激品系，制定合理的割胶制度等。需要注意的是，橡胶树死皮防治总体原则是"预防为主，综合防治"。物理防治措施仍是预防的主要手段，而化学防治为辅助手段。

第六章　橡胶树死皮发生及恢复过程中树皮显微结构变化特征

　　乳管是合成和贮存天然橡胶的组织，其主要分布于橡胶树树皮中。橡胶树的树皮从外到内依次为粗皮、砂皮外层、砂皮内层、黄皮和水囊皮，产胶乳管主要分布在砂皮内层和黄皮层中，水囊皮中的乳管主要是未成熟的幼嫩乳管。树皮中的筛管是运输有机营养物质的主要组织，在橡胶树正常产排胶时起到非常重要作用。此外，树皮中的单宁细胞和石细胞则与树皮的抗性以及衰老密切相关（卢亚莉等，2021）。解析橡胶树死皮发生与恢复过程中树皮解剖结构变化特征，将有助于死皮机理的揭示以及死皮防治技术的研发，为此，我们比较分析了橡胶树不同死皮症状、不同死皮程度、强乙烯利刺激诱导死皮发生及死皮康复综合技术促进死皮树恢复产排胶过程中树皮显微结构的变化特征。

一、不同死皮症状树皮显微结构特征

　　通过橡胶树死皮调研及对死皮发生发展的长期跟踪观测，发现死皮橡胶树割线上表现出不同的症状，具体包括：①内缩或外无，表现为割线黄皮外侧不排胶；②中无，表现为割线黄皮中部不排胶；③内无，表现为割线黄皮内侧不排胶；④缓慢排胶，表现为整条割线胶乳排出比较缓慢，且易在割线上凝固，影响胶乳排出；⑤点状排胶，表现为整条割线上胶乳呈星点状排出；⑥局部无胶，表现为割线某一段或某几段没有胶乳排出；⑦全线无胶，表现为整条割线均无胶乳排出（各症状照片见附录二）。为揭示不同死皮症状植株树皮显微结构差异，采用组织解剖学方法，比较分析了各死皮症状植株的树皮显微结构特征。

　　1. 主要研究方法　以橡胶树热研 7-33-97 和 PR107 两个品系为试材，在死皮率相对高的 2 个林段，选取不同死皮症状的植株分别在割线下方 5 cm 处采取直径为 1.0～2.0 cm、厚度为 1.5～2.5 cm 的圆柱体树皮材料（从形成层到周皮完整的树皮材料），用 80％酒精溶液进行固定。采用石蜡切片技术，碘溴-固绿双浸染法，制成永久性切片，应用光学显微镜观察每个样品的结构特征，分别在放大 50 倍和 100 倍的视野下进行观测。测定分析不同症状树皮乳管（水囊皮和黄皮）直径、乳管（水囊皮和黄皮）列数、筛管直径、石细胞和膨大乳管分别占整个黄皮有效面积的百分比。

2. 不同死皮症状植株树皮显微结构各参数统计 以热研 7-33-97（割龄 10年）和 PR107（割龄 7 年）为试材，分析不同死皮症状植株的树皮显微结构特征。在热研 7-33-97 林段，共观测到 4 种不同死皮症状植株，分别为外无、中无、点状排胶和全线排胶；在 PR107 林段，共观测到 7 种不同死皮症状植株，分别为外无、中无、内无、缓慢排胶、点状排胶、局部无胶和全线排胶。

如表 6-1 所示，热研 7-33-97 健康树的水囊皮乳管直径最大，为 12.45 μm，当割线出现不同死皮症状时，水囊皮乳管直径均变小。不同死皮症状乳管直径由大到小依次为：外无、中无、点状排胶和全线无胶。黄皮有效乳管直径变化规律与水囊皮乳管直径一致。当割线出现外无症状时，水囊皮筛管直径较健康树略微增大，中无症状时，水囊皮筛管直径变小，全线无胶时，水囊皮筛管直径最小，为 11.77 μm。健康树水囊皮乳管列数最多，为 8 列，外无和中无症状时为 7 列，点状排胶和全线无胶时分别为 2.5 和 3.5 列，点状排胶时乳管列数最少。健康树黄皮有效乳管列数最大，为 32.5 列，出现外无、中无和点状排胶症状时，乳管列数明显减少，分别为 17.5 列、18 列和 19 列，全线无胶症状时，在黄皮层中未观测到有效乳管。健康树石细胞占黄皮面积非常小，仅为1.5%，当出现外无、中无和点状排胶症状时，石细胞面积逐渐增大。点状排胶症状时，石细胞所占面积最大，为 37.5%；全线无胶时，石细胞面积略有下降，为 32.5%。健康树黄皮层几乎观测不到膨大乳管，膨大乳管占黄皮面积仅为 1%，当出现外无症状时，膨大乳管面积明显增大到 12.5%；当出现中无症状时，则明显降低，为 5%；当出现点状排胶和全线排胶症状时，膨大乳管面积显著增加，分别为 25% 和 57.5%；当全线无胶时，膨大乳管面积占据了黄皮层一半以上的面积。

表 6-1　热研 7-33-97 健康树及不同死皮症状植株树皮显微结构特征

症状	水囊皮乳管直径（μm）	黄皮有效乳管直径（μm）	水囊皮筛管直径（μm）	水囊皮乳管列数	黄皮有效乳管列数	石细胞占黄皮面积百分比（%）	膨大乳管占黄皮面积百分比（%）
健康树	12.45	16.85	17.00	8.00	32.50	1.50	1.00
外无	11.10	12.85	17.51	7.00	17.50	11.5	12.50
中无	10.36	12.24	15.18	7.00	18.00	20.00	5.00
点状排胶	9.61	11.29	16.30	2.50	19.00	37.50	25.00
全线无胶	9.60	10.84	11.77	3.50	—	32.50	57.50

PR107 健康树及不同死皮症状植株树皮显微结构特征如表 6-2 所示。PR107 健康树水囊皮乳管直径为 12.12 μm，外无症状时，乳管直径较健康树

略有增大，中无、内无、缓慢排胶、点状排胶及局部无胶症状时，乳管直径均小于健康树，其中中无症状时，乳管直径最小，全线无胶时，乳管直径最大，高于健康树。健康树黄皮有效乳管直径最大，为 18.67 μm，全线无胶时直径为 18.06 μm，略低于健康树，而其他不同死皮症状直径相差不大，均在 11.73～14.2 μm。外无症状时水囊皮筛管直径最大，为 20.07 μm，高于健康树的 17.58 μm，其余不同死皮症状的筛管直径均小于健康树，这与热研 7-33-97 不同症状的水囊皮筛管直径变化规律相近。外无症状时，水囊皮乳管列数最大，为 9 列，其次是健康树为 7.3 列，其余各症状乳管列数均低于健康树，内无症状时乳管列数最小，仅为 1.7 列。健康树黄皮有效乳管列数达 50.3 列，当出现不同死皮症状时，乳管列数均明显减少，全线无胶时，黄皮层观测不到有效乳管，其变化规律类似于热研 7-33-97。健康树石细胞占黄皮面积为 9.9%；外无症状时，石细胞面积略有减小，但其余症状的石细胞面积均高于健康树。其中缓慢排胶时石细胞面积与健康树相差无几，全线无胶时，石细胞面积最大，为 53.6%，超过一半黄皮的面积。健康树黄皮中观测不到膨大乳管，缓慢排胶时，膨大乳管面积最大，为 28%，其次是全线无胶症状时，膨大乳管面积为 19.7%，外无和点状排胶时，膨大乳管面积相同，均为 9.3%。

表 6-2　PR107 健康树及不同死皮症状植株树皮显微结构特征

症状	水囊皮乳管直径（μm）	黄皮有效乳管直径（μm）	水囊皮筛管直径（μm）	水囊皮乳管列数	黄皮有效乳管列数	石细胞占黄皮面积百分比（%）	膨大乳管占黄皮面积百分比（%）
健康树	12.12	18.67	17.58	7.30	50.30	9.90	0.00
外无	12.68	13.94	20.07	9.00	25.60	5.30	9.30
中无	7.59	12.84	15.43	5.00	28.30	12.70	7.70
内无	8.91	11.73	12.86	1.70	11.70	16.00	18.30
缓慢排胶	11.86	14.20	16.25	2.00	23.00	10.00	28.00
点状排胶	10.17	13.92	16.63	5.00	29.60	23.00	9.30
局部无胶	11.04	12.29	14.65	4.70	29.90	15.70	10.30
全线无胶	14.36	18.06	15.07	4.30	0.00	53.60	19.70

3. 不同死皮症状树皮显微结构特征　通过显微照片和各参数统计结果可以看出，不同死皮症状之间及其与健康树之间在树皮显微结构上具有明显的差异。健康树及不同死皮症状植株的树皮显微结构特征总结如下：

（1）健康树。健康树的割线树皮中基本不存在膨大乳管，水囊皮中发育的新乳管列数较多，并且排列紧密，乳管相对密度较大。黄皮中的有效乳管列数比较多，排列连续紧密，有一些石细胞存在，但一般都在黄皮外侧。

（2）外无（内缩）。与健康树相比，内缩症状植株树皮水囊皮中的乳管和黄皮中的乳管直径略小；水囊皮中发育的新乳管列数虽然正常，但排列不紧密，有时乳管列不连续，甚至还会消失；黄皮中的有效乳管列数明显减少，开始出现膨大乳管，石细胞占黄皮总面积的百分比增大。

（3）中无。与健康树相比，中无症状植株树皮水囊皮中的乳管和黄皮中的乳管直径减小，甚至只是健康乳管的1/3；水囊皮中的乳管列数减少，水囊皮中发育的新乳管列数偏少，排列不紧密，有时乳管列不连续，甚至还会消失；黄皮中的有效乳管列减少，石细胞和膨大乳管所占黄皮面积的百分比明显增大；最为显著的结构特征是，在黄皮中部出现几列连续石细胞后又出现3～7列仍能正常产胶的乳管；黄皮内侧开始出现石细胞。

（4）内无。与健康树相比，内无症状植株树皮水囊皮中的乳管和黄皮中的有效乳管直径均减少；水囊皮中的乳管列数明显减少，并且稀疏分布不能成列；黄皮中的有效乳管列数明显减少，黄皮内侧的乳管基本成为膨大乳管，且乳管列排列稀疏，乳管相对密度很小；石细胞和膨大乳管所占黄皮总面积的百分比明显增大；黄皮内侧也出现少量石细胞，黄皮外侧和中部也都存在一定量的石细胞。

（5）缓慢排胶。与健康树相比，缓慢排胶症状植株树皮水囊皮中的乳管和黄皮中的有效乳管直径略有变小，但相差不大；水囊皮中的乳管列数明显减少，并且稀疏分布不能成列，基本观察不到；黄皮中的有效乳管列略微减少，乳管基本都已不成列，并且还有一些膨大乳管掺杂其中，膨大乳管所占黄皮总面积的百分比明显增大。在黄皮内侧出现石细胞；射线和乳管均杂乱无章地分布。

（6）点状排胶。与健康树相比，点状排胶症状植株树皮水囊皮中的乳管和黄皮中的有效乳管直径变小；水囊皮中的乳管列数减少，排列稀疏，乳管相对密度较小；黄皮中的有效乳管列数减少，每列乳管几乎都存在膨大乳管；石细胞和膨大乳管所占黄皮面积的百分比增大；石细胞分布广，甚至在水囊皮中也有石细胞存在。

（7）局部无胶。与健康树相比，局部无胶症状植株树皮水囊皮中的乳管和黄皮中有效乳管直径总体均明显减小；水囊皮中的乳管列数明显减少，基本观察不到；黄皮中的有效乳管列数基本相同，但乳管列不连续，黄皮中间混合大量石细胞和膨大乳管；石细胞和膨大乳管数量所占黄皮有效乳管列总面积的百分比明显增大；黄皮内侧基本均为石细胞，黄皮第一列乳管即为石细胞列。

（8）全线无胶。与健康树相比，整条割线无胶症状植株树皮水囊皮中乳管和黄皮有效乳管直径均略小；水囊皮中的乳管列数明显减少，且不连续；黄皮中基本没有有效乳管列，从内至外多分布石细胞，间混一些膨大细胞；石细胞和膨大乳管所占黄皮面积的百分比显著增大。

4. 小结　无论是热研 7-33-97 还是 PR107，发生不同死皮症状后对植株树皮显微结构影响最大的 3 个参数为黄皮有效乳管列数、石细胞占黄皮面积及膨大乳管占黄皮面积，而对其他参数影响相对较小。同健康树相比，不同死皮症状植株树皮黄皮中有效乳管列数均明显减少，石细胞及膨大乳管所占面积均明显增大。乳管是橡胶树胶乳生成及贮藏的场所，主要集中在黄皮和水囊皮中。发生死皮后黄皮中有效乳管列数减少，必然会导致乳管产胶能力下降。石细胞是一种细胞壁特别厚并且木质化了的死细胞，通常成堆聚集在一起。它们的形成和分布除与遗传性有关外，也受环境条件的影响。一般生长在不良环境下的橡胶树石细胞较多，树皮较硬，乳管会受到挤压而被破坏，进而降低橡胶树的产量。发生死皮后石细胞面积的增大、膨大异常乳管的增加也是导致死皮树产量下降的直接解剖学证据。当割线全线不排胶时，黄皮中观测不到有效乳管列，这也是为什么割线上无胶乳排出的原因。

二、不同死皮程度植株树皮显微结构特征

根据割线死皮长度，橡胶树死皮可分为 6 个级别（0～5 级，详见附录一），为揭示不同死皮程度植株树皮显微结构差异，采用组织解剖学方法，比较分析了不同死皮程度植株的树皮显微结构特征。

1. 主要研究方法　设 4 个处理，处理 1 为健康树，标记为死皮程度 0；处理 2 为死皮长度小于割线总长度的 1/4，标记为死皮程度 1；处理 3 为死皮长度占割线总长度的 1/4～1/2，标记为死皮程度 2；处理 4 为死皮长度大于割线总长度的 1/2，标记为死皮程度 3。在处理 2 至处理 4 每株树的树干各选 6 个取样点，分别为非死皮部位割线处、非死皮部位割线下方 5 cm 处和 10 cm 处、死皮部位割线处、死皮部位割线下方 5 cm 处和 10 cm 处。以处理 1 健康树割线处、割线下方 5 cm 处和 10 cm 处作为对照。用 1.5 cm 打孔器进行树皮取样，制片后采用光学显微镜观察并采集图像，测量收集数据，光学显微镜放大倍数为 50 倍。用 Adobe Photoshop CS6 对显微切片图像进行处理。用 Excel 2010 和 SAS 9.0 软件进行数据的处理及统计分析。主要测量统计数据指标有：橡胶树树皮中水囊皮乳管直径、水囊皮中乳管列数、水囊皮中筛管直径。

2. 不同死皮程度橡胶树死皮部位割线处树皮显微结构特征　健康植株割线处及不同死皮程度植株死皮部位割线处树皮横切面在光学显微镜下观察到的显微结构如图 6-1 所示，健康植株树皮从水囊皮到黄皮乳管排列整齐，并且每

列乳管分别相连，筛管排列平行有序。在黄皮内部很少或没有石细胞的出现，黄皮中膨大异常乳管较少（图 6-1 A）。同健康树相比，随着死皮程度的逐渐增加，黄皮内石细胞团个数明显增多且面积逐渐增大，整个黄皮内部射线及乳管的排列也随着石细胞面积的增加而逐渐发生紊乱，水囊皮中乳管直径、乳管列数以及黄皮中的有效乳管列数均没有明显的差异（图 6-1BCD）。在石细胞和形成层之间乳管排列相对整齐，膨大异常的乳管也相对较少，石细胞出现部位附近的乳管排列开始混乱，有的区域根本看不出乳管的排列，而且随着死皮程度的增加，石细胞出现的位置逐渐向形成层一侧移动。如图 6-1C 和图 6-1D 所示，在死皮严重植株的树皮中出现大量的石细胞，水囊皮也出现了少量的石细胞，并且伴随有部分区域乳管个数少又不成列的现象。

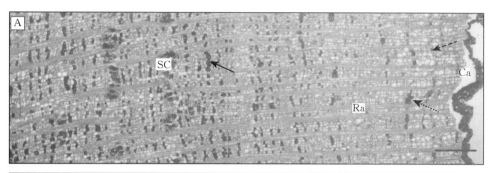

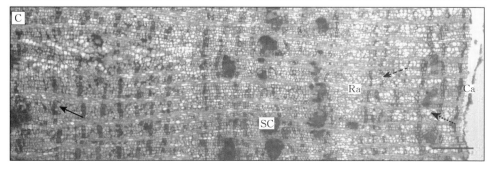

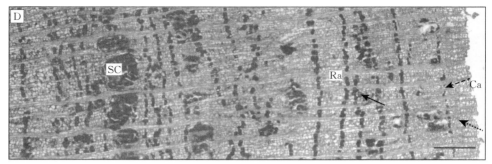

图 6-1　不同死皮程度植株死皮部位割线处树皮横切面的光学显微镜照片

注：A：死皮程度 0（健康树）；B：死皮程度 1；C：死皮程度 2；D：死皮程度 3。SC：石细胞；
Ra：射线；Ca：形成层。 ➝ 表示膨大异常乳管；–➝ 表示次生乳管；·····➝ 表示筛管。标尺：500 μm

3. 不同死皮程度橡胶树树皮显微结构的差异分析

（1）不同死皮程度橡胶树树皮水囊皮中乳管和筛管显微结构差异。随着死皮程度的增加，不同部位的水囊皮乳管列数和乳管直径没有显著性差异（$P <$ 0.05），说明死皮对水囊皮乳管列数和乳管直径没有影响（图 6-3、图 6-4）。水囊皮中筛管直径随着采样点的部位不同有显著的变化（图 6-2）。非死皮部位割线处、割线下 5 cm 及 10 cm 处，三个部位的水囊皮乳管直径均随着死皮程度的增加呈先下降后上升的趋势。同健康树相比，死皮发生后，死皮部位割线处、割线下 5 cm 及 10 cm 处的水囊皮筛管直径总体均呈下降趋势，三个部位的健康树水囊皮乳管直径最大，分别为 9.29 μm、10.71 μm、9.91 μm。非死皮部位割线处和死皮部位割线处，相同死皮程度之间均无显著性差异。非死皮部位割线下 5 cm 及 10 cm 处，分别与相应植株死皮部位割线下 5 cm 及 10 cm 处相比，除死皮程度 3 有显著性差异外，其余相同死皮程度之间均无显著性差异。

（2）不同死皮程度橡胶树树皮黄皮层的显微结构差异。随着死皮程度的增加，不同部位黄皮中有效乳管列数无显著性差异（图 6-5）。非死皮部位、死皮部位割线及割线下 5 cm 处 4 个部位，不同死皮程度之间的黄皮有效乳管直径均无显著性差异，而同健康植株相比，死皮植株死皮部位割线下 10 cm 处黄皮有效乳管直径显著减小（图 6-6）。

石细胞占黄皮面积的比例随着死皮程度的增加有显著性的变化（图 6-7），总体来看，不同部位石细胞面积随死皮程度增加呈逐渐上升趋势。死皮最严重时（死皮程度 3），不同部位的石细胞面积均为最大值。其中橡胶树死皮部位割线处的石细胞面积增加趋势最为显著，健康植株树皮黄皮层中的石细胞所占面积最小，而死皮程度 3 植株树皮的死皮部位割线处石细胞所占面积最大，约

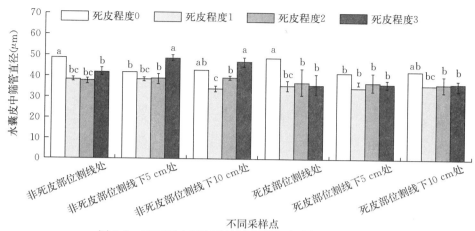

图 6-2　不同死皮程度植株树皮的水囊皮筛管直径差异

注：图柱上方不同小写字母表示处理间差异显著性（$P<0.05$），下同。

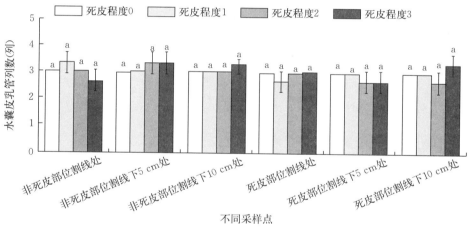

图 6-3　不同死皮程度植株树皮的水囊皮乳管列数差异

33.51%。死皮部位自上而下，即从割线处至割线下 5 cm 及 10 cm 处，除健康树外，同一死皮程度石细胞面积自上而下呈略微下降趋势，说明死皮对割线处的影响最大，对割线下方的影响逐渐减弱。而死皮程度 3 植株非死皮部位自上而下，石细胞面积显著下降，但非死皮部位割线下 5 cm 及 10 cm 处石细胞面积无显著性差异。除死皮程度 3 外，其余死皮程度植株的非死皮部位自上而下石细胞面积均无显著性差异。说明只有当植株发生严重死皮时（死皮程度 3），其相应的非死皮部位才会受到明显的影响。

4. 小结　不同死皮程度植株在水囊皮乳管列数、水囊皮乳管直径及黄皮

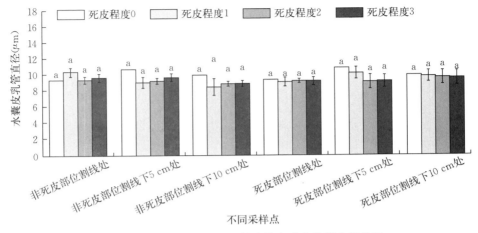

图 6-4　不同死皮程度植株树皮的水囊皮乳管直径差异

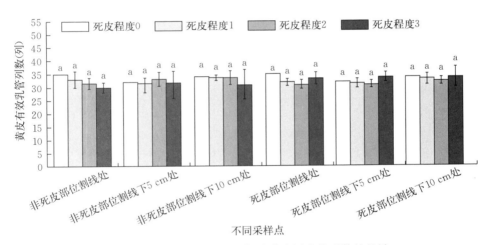

图 6-5　不同死皮程度植株树皮黄皮层乳管列数的差异

有效乳管列数上无明显差异。同健康树相比，死皮发生后割线处非死皮部位和死皮部位的水囊皮筛管直径均显著减小，表明死皮发生后营养物质的纵向输导受到影响。死皮对石细胞占黄皮面积的比例影响最大，且不同部位的石细胞面积均在死皮发生后显著增加。死皮发生最严重时，石细胞的面积最大。同一死皮程度，死皮部位从割线处往下 10 cm 处，石细胞面积无明显变化。而在非死皮部位从割线处往下 10 cm 处，当死皮程度最严重时，其割线处石细胞面积显著高于割线下 5 cm 及 10 cm 处，说明死皮发生最严重时对非死皮部位割线处石细胞的面积影响明显高于割线下方。正常情况下，石细胞主要分布在橡胶树

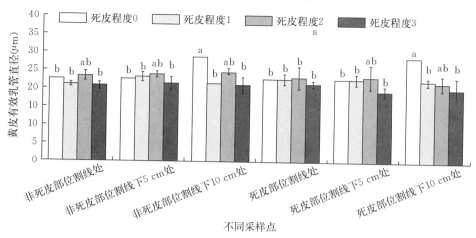

图 6-6 不同死皮程度植株树皮黄皮层中有效乳管直径的差异

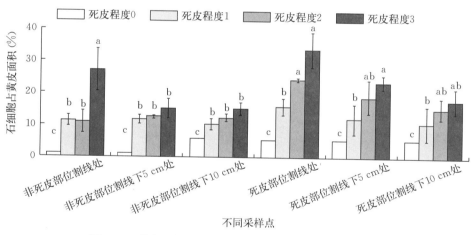

图 6-7 不同死皮程度植株树皮石细胞占黄皮面积的差异

树皮的砂皮层,是一种厚壁组织,具有支持和保护作用。死皮发生后黄皮层中石细胞数量明显增多,且逐渐向形成层一侧移动,水囊皮中也有少量的石细胞出现,卢亚莉等(2021)的研究也发现类似的结果,这说明黄皮层中石细胞数量的增加及水囊皮中石细胞的出现是死皮发生的重要特征之一。

三、强乙烯利刺激诱导死皮发生过程中树皮显微结构变化

乙烯利刺激是诱发橡胶树死皮的主要因子之一,为探究乙烯利刺激诱发橡胶树死皮发生过程中的树皮显微结构变化,采用组织解剖学方法,比较分析了

强乙烯利刺激诱导橡胶树死皮发生过程中树皮显微结构的变化特征。

1. 主要研究方法 所用橡胶树品系为热研 7-33-97，2006 年定植，2016 年 8 月开割，2016 年 9～11 月，采用高浓度乙烯利（5％）刺激所选取的健康树来诱导死皮发生，即每 10 d 沿割线在割面 2 cm 宽处均匀涂刷乙烯利 1 次，共涂刷 7 次。乙烯利刺激过程中，植株割线症状由排胶线正常，逐渐转变为排胶线内缩、严重内缩（指割胶后在割线上只能看到紧挨割面处有一条很窄的排胶线），直至割线部分不排胶，即发生部分死皮（局部无胶），直至完全死皮（全线无胶）。取健康树、严重内缩、部分死皮及完全死皮植株紧挨割线下方的树皮（部分死皮及完全死皮植株对应死皮部位割线下方的树皮），树皮取样、光学显微镜制片同前述方法。分析测定水囊皮乳管列数、黄皮有效乳管列数、水囊皮中乳管和筛管面积、黄皮有效乳管面积、膨大乳管面积占黄皮面积的百分比、石细胞面积占黄皮面积的百分比等指标。

2. 强乙烯利刺激诱导死皮发生过程中树皮显微结构变化 健康植株树皮从水囊皮到黄皮乳管排列整齐，筛管排列平行有序，在黄皮内部很少或没有石细胞出现，黄皮中没有出现膨大异常乳管（图 6-8A）。割线出现严重内缩（施用乙烯利 6 周后）时，黄皮内石细胞面积增加，开始出现膨大乳管，说明乙烯利过度刺激后，外层乳管最先受到影响，进而影响产量（图 6-8B）。施用乙烯

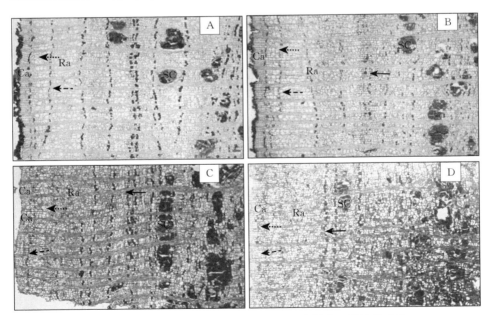

图 6-8 强乙烯利刺激诱导死皮发生过程中树皮显微结构变化

A：健康植株；B：严重内缩植株；C：部分死皮植株；D：完全死皮植株；SC：石细胞；Ra：射线；Ca：形成层。⟶ 表示膨大异常乳管；－ ⟶ 表示正常乳管；⋯⋯ 表示筛管。标尺：100 μm。

利 8 周后，此时排胶线逐渐出现部分死皮，即局部无胶，除乳管受到损伤外，石细胞面积增加，导致射线受到挤压，排列紊乱，外层筛管受到破坏，面积减少，有输导功能的韧皮部变薄，同时膨大乳管面积增加（图 6-8C）。施用乙烯利 10 周后，割线表现出完全死皮症状，此时，乳管细胞受到严重破坏，水囊皮中的乳管列数明显减少，并且稀疏分布不能成列，黄皮内乳管基本为膨大乳管，此时割胶线已完全不排胶，石细胞团逐渐向形成层一侧移动，且由于其面积的大量增加，射线、筛管受到严重挤压，分布杂乱无章（图 6-8D）。

3. 强乙烯利刺激诱导死皮发生过程中树皮显微结构参数变化 高浓度乙烯利刺激诱导橡胶树死皮发生过程中，随着死皮程度的增加，水囊皮乳管列数和面积、筛管面积总体呈下降趋势，当割线完全不排胶时，这 3 个参数均降至最低值。当割线出现严重内缩症状时，水囊皮乳管列数与健康树（施用乙烯利前）没有差异，均为 3 列。当割线出现部分死皮时，水囊皮乳管列数变为 2 列。随着乙烯利刺激时间的延长，当出现完全死皮时，水囊皮乳管列数仅为 1 列（图 6-9）。从水囊皮乳管面积来看，健康树水囊皮乳管面积为 858.88 μm^2，高浓度乙烯利刺激诱导出现严重内缩症状时，水囊皮乳管面积明显增加，为 972.22 μm^2。随着乙烯利的进一步刺激，当割线出现部分死皮、完全死皮时则逐渐递减，分别为 615.56 μm^2 和 235.56 μm^2。完全死皮时，水囊皮乳管面积降至最低值。当割线由全线排胶（健康树）转为严重内缩症状时，水囊皮筛管面积略有下降，但无明显改变，分别为 3 181.11 μm^2、2 963.33 μm^2。当割线症状出现部分死皮、完全死皮时，水囊皮筛管面积显著下降，但部分死皮和完全死皮两种症状的筛管面积差异不明显，完全死皮时筛管面积最小，仅为 2 186.67 μm^2。

乙烯利刺激前，健康树黄皮有效乳管列数最大，为 9 列。随着乙烯利的不断刺激，黄皮有效乳管列数逐渐下降，当割线出现完全死皮时，黄皮中几乎均为膨大异常乳管，胶乳凝固阻塞，因此没有胶乳排出。乙烯利刺激下，当割线由全线排胶逐渐转为严重内缩、部分死皮过程中，黄皮有效乳管面积无明显改变，分别为 1 296.67 μm^2、1 054.44 μm^2 和 1 249.63 μm^2，完全死皮时，黄皮中无有效乳管（图 6-9）。

随着死皮程度的增加，石细胞占黄皮面积的比例逐渐增加。当割线症状出现完全死皮时，石细胞占黄皮面积的比例增加趋势最为显著，达到最大值 28.23%。膨大乳管占黄皮面积的比例随着死皮程度的增加而明显增加，健康树中基本没有出现膨大乳管，强乙烯利刺激诱导出现严重内缩、部分死皮症状时，膨大乳管占黄皮面积的比例逐渐增加，分别为 0.65%、3.59%；当割线症状出现完全死皮时，膨大乳管的面积占比显著增加，达到最大值 19.01%。

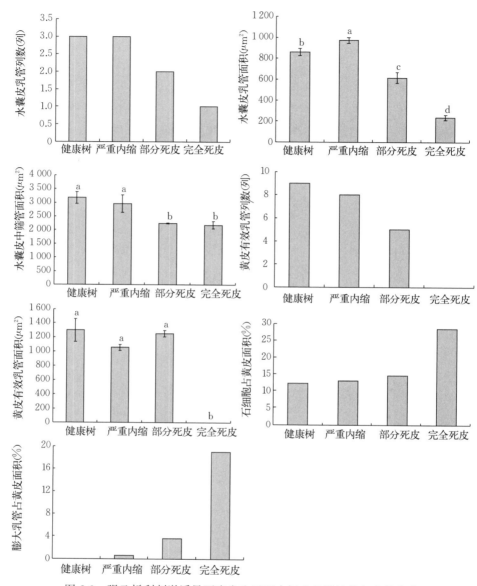

图 6-9　强乙烯利刺激诱导死皮发生过程中树皮显微结构各参数变化

4. 小结　高浓度乙烯利刺激诱导橡胶树死皮发生进程中，割线症状由正常排胶逐渐转变为排胶线内缩、严重内缩，然后出现局部不排胶，最终割线完全没有胶乳排出。从割线症状的变化来看，乙烯利刺激后死皮发生由割线外侧逐渐向内侧扩展。随着乙烯利刺激诱发的死皮程度逐渐增加，水囊皮乳管列数、乳管面积、筛管面积及黄皮有效乳管列数、乳管面积总体呈逐步减少趋势，尤其是当割线完全不排胶时，黄皮中几乎全部为膨大异常乳管，石细胞面积大量增加，此时，水囊皮也受到明显的影响，水囊皮乳管列数减少、筛管面积下降。筛管主要分布在水囊皮中，主要用于纵向输导有机营养物质，死皮发生后筛管面积的减少会导致韧皮部纵向输导营养物质的能力下降，是死皮树产量下降的原因之一。死皮发生后，石细胞的大量增加会使乳管受到挤压，膨大异常乳管的增大也是导致死皮发生的关键因素之一。

四、死皮恢复过程中树皮显微结构变化

橡胶树死皮发生与恢复是相反的变化过程，在解析乙烯利刺激诱导橡胶树死皮发生过程中树皮显微结构变化的基础上，进一步探究其恢复过程中树皮显微结构的变化特征，通过互补对比分析能更好地揭示橡胶树死皮发生与恢复的细胞学基础，为此，采用组织解剖学方法，比较分析了死皮恢复过程中树皮显微结构的变化特征。

1. 主要研究方法 采用本团队自主研发的能促进橡胶树死皮植株恢复产排胶的死皮康综合技术（详见第三篇第十章）对高浓度乙烯利刺激诱导的重度死皮植株（死皮长度占割线长度的70%以上）进行恢复处理，促使这些死皮植株（R0）恢复产排胶，恢复处理16周时，割线症状逐渐恢复为排胶线内缩（R16），处理22周时，割线逐渐恢复全线排胶（R22）。取 R0、R16 和 R22 植株割线下方的树皮，树皮取样、光学显微镜制片同前述方法。分析测定水囊皮乳管列数、水囊皮中乳管和筛管面积、黄皮有效乳管列数、黄皮有效乳管面积、膨大乳管面积占黄皮面积的百分比、石细胞面积占黄皮面积的百分比等指标。

2. 死皮恢复过程中树皮显微结构变化 重度死皮时（R0），水囊皮中的乳管稀疏分布不能成列，黄皮内乳管基本为膨大乳管，石细胞面积大（图 6-10A）。恢复处理16周时，割线恢复部分排胶，此时水囊皮内乳管列数增加，排列整齐，石细胞团占黄皮面积比例降低，有输导功能韧皮部变厚，膨大乳管占黄皮面积的比例显著降低，但与健康树对照相比，射线排列还是不平行（图 6-10B）。恢复处理22周时，割线恢复正常排胶，此时石细胞团占黄皮面积的比例明显降低，与部分排胶时相比，射线排列平行，黄皮内乳管排列连续，膨大乳管占黄皮面积的比例降低（图 6-10C）。

3. 死皮恢复过程中树皮显微结构参数变化

恢复处理死皮树恢复正常排胶动态变化过程中，水囊皮乳管列数、筛管面积没有明显改变，水囊皮乳管面积在割线恢复产胶后显著增加，恢复处理16

周时达到最大值，为 1 997.78 μm^2（图 6-11）。

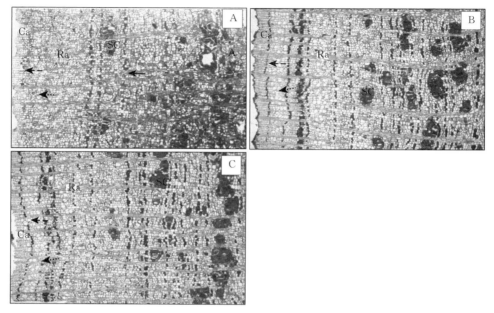

图 6-10　死皮恢复过程中树皮显微结构变化（横切面）

注：A：死皮植株（R0）；B：恢复处理 16 周的植株（R16）；C：恢复处理 22 周的植株（R22）；SC：石细胞；Ra：射线；Ca：形成层。⟶表示膨大异常乳管；- -➤表示正常乳管；·····➤表示筛管。标尺：100 μm。

死皮恢复处理前（对照 R0），黄皮中没有有效乳管，恢复处理 16 周和 22 周时，割线逐渐恢复至部分排胶和全线排胶，此时，黄皮中有效乳管列数分别增加至 5 列和 7 列（图 6-11），前述健康树（乙烯利处理前）有效乳管列数为 9 列，仍高于恢复处理后的乳管列数。黄皮中有效乳管面积在植株恢复产胶后也显著增加，分别为 2 298.89 μm^2、2 533.33 μm^2（图 6-11），且高于前述健康树有效乳管面积（1 296.67 μm^2）（图 6-9），说明死皮康复综合技术处理明显促进了乳管恢复产排胶。

恢复处理后石细胞占黄皮面积显著减少，在恢复处理 22 周时达到最小值 11.98%，与前述健康树中石细胞占黄皮面积的比例相当（12.35%），且在死皮树恢复产排胶后，黄皮中无膨大异常乳管出现（图 6-11）。

4. 小结　从割线症状的变化来看，死皮康复综合技术处理死皮树恢复产排胶过程中，割线由内向外逐渐恢复排胶；从树皮显微结构的变化来看，恢复处理后，水囊皮乳管面积、黄皮有效乳管列数、黄皮有效乳管面积均明显增加，而石细胞和膨大乳管占黄皮面积的比例均显著减少，这些变化与强乙烯利刺激诱导死皮发生过程中相应参数的变化特征正好相反，说明死皮康复综合技

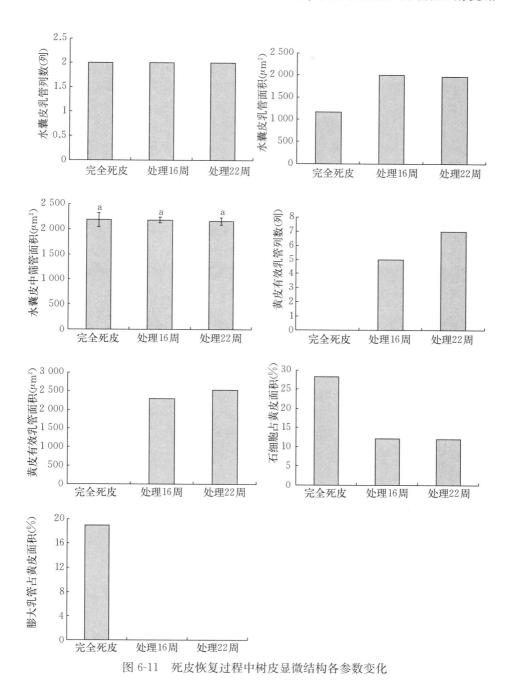

图 6-11　死皮恢复过程中树皮显微结构各参数变化

术处理后，死皮树乳管系统的产排胶功能逐渐恢复，死皮康复综合技术处理明显促进了死皮树恢复产排胶。

五、本章小结

正常产胶乳管主要分布于砂皮内层和黄皮中，其中黄皮中含有大量的成熟乳管，是树皮的主要产胶部位。正常情况下，黄皮中没有或含有少量石细胞，水囊皮中含有大量具有纵向输导功能的筛管，水囊皮中的乳管则主要为未成熟的幼嫩乳管。从前述不同死皮症状植株树皮的显微结构特征来看，同健康树相比，死皮发生后黄皮中有效乳管列数明显减少，黄皮中石细胞及膨大乳管数量明显增多；从不同死皮程度植株不同部位树皮的显微结构特征来看，死皮发生后黄皮中石细胞数量显著增加，且同割线下方相比，死皮对割线处影响最大，死皮严重时水囊皮也出现石细胞；从高浓度乙烯利诱导死皮发生及死皮康复综合技术促进死皮恢复过程中树皮显微结构特征来看，高浓度乙烯利刺激后死皮发生由树皮外层逐渐向内层扩展，先是外层乳管失去排胶功能，随后内层乳管也逐渐失去排胶功能。当割线完全不排胶时，黄皮中含大量石细胞，乳管几乎全部膨大异常，且水囊皮中乳管列数、筛管面积均减少，这与田维敏等（2015）的研究结果类似。而死皮恢复过程中先是内层乳管逐渐恢复排胶功能，然后逐渐向外层扩展，外层乳管也恢复排胶功能，与死皮发生过程的变化正好相反。死皮恢复过程中树皮显微结构的变化与死皮发生过程也正好相反，表明死皮康复综合技术处理促使乳管逐渐恢复产排胶功能，进一步证实了该营养剂具有良好的死皮恢复效果。综合上述研究结果，黄皮中有效乳管列数的减少、黄皮中石细胞及膨大异常乳管数量的增多、水囊皮中乳管列数、筛管面积的减少及石细胞的出现均可作为死皮发生的重要显微结构特征。死皮发生和恢复过程中显微结构变化特征的研究对阐明死皮机制具有重要意义，也能为死皮防治提供理论依据。

第七章　橡胶树死皮发生及恢复过程中胶乳生理指标变化特征

胶乳的 pH、干胶含量、黄色体破裂指数、无机磷、蔗糖、硫醇含量等生理指标能在一定程度上反映橡胶树乳管系统的代谢和健康状况（肖再云等，2009）。多年来，围绕橡胶树死皮发生的生理机制开展了大量研究工作，取得了一定的研究进展，发现许多生理指标与死皮相关，但不同团队的研究结果有些并不一致，对死皮发生后一些生理指标的变化还存在争议。为进一步明确橡胶树死皮发生与恢复的生理基础，我们系统研究了胶园自然死皮树中不同死皮程度植株、自然死皮植株恢复过程中以及强乙烯利刺激诱导死皮发生发展及其恢复过程中胶乳生理指标的变化特征。

一、胶园自然死皮树中不同死皮程度植株胶乳生理指标变化特征

已有研究显示，死皮发生严重时，死皮植株的黄色体破裂指数显著提高，高达 93.8%，明显比正常树高出 13.5%，暗示死皮植株黄色体完整性遭到破坏（杨少琼和熊涓涓，1989）；死皮发生过程中橡胶树胶乳硫醇含量呈逐渐下降趋势，其中割线完全死皮植株的硫醇含量最低，仅为对照的 58.3%，认为硫醇含量的下降可能导致了黄色体膜破裂，从而释放出凝固因子，胶乳原位凝固，进而导致乳管排胶停止，最终死皮发生（范思伟和杨少琼，1995）；死皮植株中硫醇、无机磷和蔗糖含量都明显低于正常植株，暗示死皮树中胶乳合成及乳管代谢能力减弱（Putranto et al.，2015）。尽管前人对死皮植株的生理特征有一定的研究，但缺乏对橡胶树不同死皮程度植株胶乳生理变化特征的系统研究。为此，我们系统分析了胶园自然死皮树中不同死皮程度植株胶乳各生理指标的变化特征，以期为死皮发生生理机制的阐明及死皮防治药剂的研发提供理论依据。

1. 主要研究方法　对割龄 15 年的橡胶树无性系热研 7-33-97 林段进行死皮调查，并根据调查结果，选取不同死皮程度植株各 9 株，采集胶乳。死皮程度 0：健康植株；死皮程度 1：死皮长度小于割线总长度的 1/4；死皮程度 2：死皮长度占割线总长度的 1/4～1/2；死皮程度 3：死皮长度大于割线总长度的

1/2。胶乳产量、干胶含量及胶乳 pH 测定：用量筒测量每株树的胶乳产量；
用电子天平称量 10 g 胶乳于培养皿中，加入少许 5％冰醋酸进行凝固，凝固的
胶片用水漂洗，放入烘箱 80 ℃烘干，称量、计算干胶干重及含量；用 pH 计
测量胶乳的 pH。硫醇、蔗糖、无机磷及粗酶液蛋白含量测定：胶乳硫醇含量
参考魏芳等（2012）的 DTNB 试剂法进行测定；胶乳蔗糖含量采用蒽铜试剂
法进行测定（Ashwell，1957）；胶乳无机磷含量测定采用钼酸铵比色法
（Taussky and Shorr，1953）；胶乳粗酶液蛋白含量测定参考袁坤等（2011）
的方法；胶乳镁离子含量用原子吸收分光光度计测定，根据镁离子的标准曲线
计算出单位体积胶乳中镁离子的含量；黄色体破裂指数参考程成等（2012）的
方法进行测定。

2. 胶乳 pH、产量及干胶含量随死皮程度的变化特征　同健康树（死皮程
度 0）相比，死皮树（死皮程度 1-3）胶乳 pH 均低于健康树。健康树与死皮
程度 1 和 2 植株的胶乳 pH 之间无显著性差异（$P<0.05$，下同），但与死皮程
度 3 植株的胶乳 pH 之间差异显著，死皮程度 1-3 植株胶乳的 pH 之间无明显
差异（图 7-1A）；从平均单株胶乳产量来看，死皮发生后平均单株胶乳产量显
著下降。健康树平均单株胶乳产量达 209.44 mL，随着死皮程度的增加，平均
单株胶乳产量逐渐下降，在死皮最严重时（死皮程度 3），平均单株胶乳产量
降至最低值 13.56 mL，仅为健康树平均单株胶乳产量的 6％左右（图 7-1B）；
干胶含量随死皮程度的增加呈上升趋势，死皮最严重时，干胶含量达最大值
57.51％，约为健康树干胶含量的 2 倍（图 7-1C）。

3. 胶乳硫醇、无机磷、蔗糖及粗酶液蛋白含量随死皮程度的变化特征
死皮发生后，胶乳硫醇含量较健康树（死皮程度 0）显著下降，但死皮程度 1、
2 和 3，即不同死皮程度植株的胶乳硫醇含量无明显差异。健康树硫醇含量约
0.43 mmol/L，而不同死皮程度植株胶乳硫醇含量均小于 0.20 mmol/L（图
7-2A）；胶乳无机磷含量随死皮程度增加的变化趋势与硫醇含量的变化趋势类
似，即死皮发生后无机磷含量也显著下降，但不同死皮程度植株的胶乳无机磷
含量无显著性差异。健康树胶乳无机磷含量约 30.00 mmol/L，而死皮树胶乳
无机磷含量则均低于 15.00 mmol/L，健康树胶乳无机磷含量约为死皮树的 2
倍（图 7-2B）；胶乳蔗糖含量随死皮程度的增加而显著上升，死皮发生最严重
时（死皮程度 3），蔗糖含量最高，约 41 mmol/L，而健康树蔗糖含量约
22 mmol/L（图 7-2C），仅为死皮程度 3 植株胶乳蔗糖含量的一半左右；不同
死皮程度植株胶乳的粗酶液蛋白含量无明显差异（图 7-2D）。

4. 胶乳镁离子含量及黄色体破裂指数随死皮程度的变化特征　从图 7-3
可以看出，镁离子含量和黄色体破裂指数变化趋势基本一致，均随死皮程度的
增加而显著提高（图 7-3A、B）。健康树镁离子含量为 10.63 mmol/L，当死皮

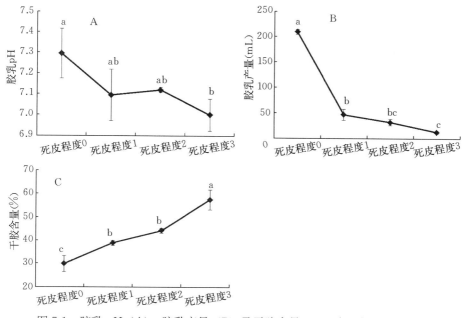

图 7-1　胶乳 pH（A）、胶乳产量（B）及干胶含量（C）随死皮程度的变化

程度 3 时，镁离子含量显著上升至最大值，为 41.58 mmol/L（图 7-3 A）；健康树（死皮程度 0）胶乳黄色体破裂指数最低，为 15.73％。随着死皮程度的增加，胶乳黄色体破裂指数显著提高，当死皮程度 3 时，胶乳黄色体破裂指数显著提高至 55.22％（图 7-3B）。

5. 小结　橡胶树死皮给天然橡胶产业带来了巨大的影响，是限制橡胶单产提高的重要因子。胶乳各项生理参数反映了橡胶树乳管系统的代谢水平与产排胶特性（Eschbach et al.，1984），研究不同死皮程度植株胶乳生理参数的变化特征对阐明死皮发生的生理机制及指导死皮防控具有重要意义。随着死皮程度的增加，胶乳中除粗酶液蛋白含量无明显变化外，其余各生理指标均发生明显改变。胶乳产量随着死皮程度的增加而显著降低，胶乳干胶含量、蔗糖含量、镁离子含量及黄色体破裂指数随死皮程度的增加显著上升，胶乳 pH、硫醇及无机磷含量显著下降。正常稳定的胶乳各生理参数有利于胶乳再生和合成系统的维护，一旦胶乳生理发生紊乱，胶乳合成就会受到影响。

　　胶乳产量和干胶含量是衡量橡胶树产胶能力的关键指标，反映了胶乳合成与再生能力（梁尚朴，1992）。本文中随着死皮程度的增加，橡胶树胶乳产量显著下降，干胶含量则显著增加，二者呈负相关，暗示了死皮发生导致了胶乳合成和再生能力受阻，进而使植株的胶乳产量下降；死皮发生后胶乳 pH 呈下

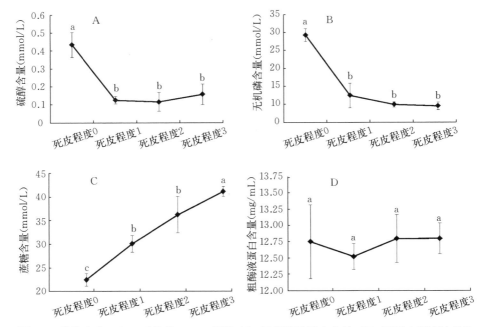

图 7-2 胶乳硫醇（A）、无机磷（B）、蔗糖（C）及粗酶液蛋白含量（D）随死皮程度的变化

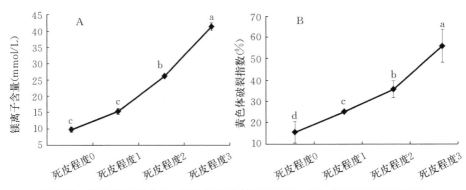

图 7-3 胶乳镁离子含量（A）及黄色体破裂指数（B）随死皮程度的变化

降趋势，pH下降可能抑制了乳管细胞中某些酶的活性，进而阻碍胶乳再生，从而导致死皮植株胶乳产量下降（王岳坤等，2014；Eschbach et al.，1984）。

　　硫醇能清除乳管细胞代谢过程中所产生的有毒氧，进而减少有毒氧对乳管细胞的伤害，并阻止黄色体膜破裂、保护黄色体的完整性（校现周，1996；魏芳等，2012）。同健康树相比，死皮树胶乳硫醇含量显著下降，说明死皮树胶乳中活性氧清除能力明显下降，这可能导致了有毒氧的过度积累，从而对乳管细胞造成伤害，使死皮树胶乳产量下降（朱德明等，2012）。硫醇含量过低会使乳管系统非酶促保护系统能力减弱，从而诱发橡胶树死皮的发生。死皮树胶乳硫醇、无机磷含量均显著下降，说明死皮树乳管系统活性氧的清除能力下降、代谢能力减弱，胶乳再生受阻，进而导致死皮树胶乳产量显著下降（D'Auzac et al.，1997；Putranto et al.，2015）。

蔗糖是橡胶生物合成的原料。橡胶树胶乳蔗糖含量随着死皮程度的增加而显著提高，这可能与死皮树中蔗糖的分解代谢不足有关（Eschbach et al.，1984）；不同死皮程度植株胶乳粗酶液蛋白含量无明显变化，说明粗酶液蛋白含量对死皮不敏感。黄色体破裂指数反映了胶乳中黄色体的完整性，与乳管堵塞、胶乳停排及橡胶树死皮密切相关。随着死皮程度的增加，黄色体破裂指数显著提升，说明黄色体的稳定性逐渐丧失。镁离子随着黄色体的破裂而释放出来，通过中和胶乳中大量的负电荷而使胶乳发生原位凝固，从而导致死皮发生（吴明等，2015；范思伟和杨少琼，1995）。

从上述研究结果可以看出，胶乳黄色体破裂指数、硫醇、无机磷和镁离子含量等生理参数与橡胶树死皮发生密切相关，可作为橡胶树死皮早期预测的关键指标。

二、强乙烯利刺激诱导死皮发生发展过程中胶乳生理指标的变化特征

在橡胶生产中，广泛使用乙烯利刺激来提高天然橡胶产量。然而乙烯利的过度使用导致了橡胶树割面排胶线内缩，严重时发生死皮，胶乳产量下降（吴继林等，2008）。橡胶树发生死皮后胶乳黄色体破裂指数提高，黄色体的稳定性逐渐下降。死皮植株中胶乳硫醇含量的下降可能使过多的有毒氧不能及时被清除而对黄色体膜造成伤害，乳管排胶停止而发生死皮。死皮植株中胶乳硫醇、无机磷和蔗糖含量均低于健康树（Putranto et al.，2015），说明死皮发生后橡胶树乳管产胶能力减弱。前述对橡胶树不同死皮程度植株的胶乳生理指标分析结果表明，胶乳产量、硫醇和无机磷含量等均随死皮程度的增加而下降，而蔗糖、镁离子含量及黄色体破裂指数等随死皮程度的增加而增加。此外，橡胶树死皮发生与活性氧信号密切相关，活性氧相关酶可能在死皮发生中扮演重要角色。已有关于橡胶树死皮发生生理机制的研究，所用的死皮橡胶树均为胶园自然死皮植株，死皮诱因并不清楚，可能不能真实反映乙烯利刺激诱导橡胶树死皮发生的生理效应。为针对性地探究乙烯利过度刺激诱发橡胶树死皮的生理机制，我们在原有研究不同死皮程度植株胶乳生理参数特征的基础上，进一步选取健康橡胶树进行高浓度乙烯利刺激采胶，逐步诱导死皮发生发展，并测

定分析死皮发生发展过程中胶乳生理指标的动态变化规律，以期揭示强乙烯利刺激采胶诱发橡胶树死皮的生理机制。

（一）强乙烯利刺激诱导死皮发生前期胶乳生理指标的变化特征

1. 主要研究方法　本试验所用橡胶树品系为热研 7-33-97，植株 2006 年定植。选择树围大小相对一致、树皮完好、割面排胶正常的健康橡胶树作为试验材料。2016 年 9～11 月，用高浓度乙烯利（5%）刺激选取的健康植株以诱导死皮发生，即每 10 d 沿割线在割面 2 cm 宽处均匀涂刷乙烯利 1 次，共涂刷 7 次。分别采集诱导出现内缩、严重内缩以及部分死皮时的胶乳，以健康植株胶乳为对照，按照第七章一中的方法，测定胶乳产量、干胶、pH、粗酶液蛋白含量、硫醇、无机磷、蔗糖含量及黄色体破裂指数。过氧化氢酶（CAT）、超氧化物歧化酶（SOD）、抗坏血酸过氧化物酶（APX）、谷胱甘肽过氧化物酶（GPX）和过氧化物酶（POD）活性采用相应酶活性测定试剂盒进行测定。

2. 死皮发生前期胶乳 pH、产量、干胶及粗酶液蛋白含量的变化特征
高浓度乙烯利刺激后，割线症状由排胶线正常（图 7-4A）逐渐转变为排胶线内缩（约出现在乙烯利处理 4 周，图 7-4B）、严重内缩（约出现在乙烯利处理 6 周，图 7-4C），直至割线表现出部分死皮（约出现在乙烯利处理 8 周，图 7-4D）。

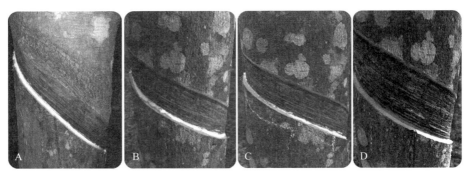

图 7-4　高浓度乙烯利刺激诱导橡胶树死皮发生过程中割线症状的变化

注：A、B、C 和 D 分别代表乙烯利处理 0、4、6 和 8 周时的割线症状，割线症状分别为割线正常（全线排胶）、排胶线内缩、严重内缩和部分死皮。

在强乙烯利刺激诱导死皮发生前期（健康至内缩症状），胶乳 pH 无明显变化（图 7-5A）。随后，当排胶线出现严重内缩和死皮症状时，胶乳 pH 显著下降（$P<0.05$，下同），部分死皮时胶乳 pH 最低，为 6.49；强乙烯利刺激后，平均单株胶乳产量和干胶含量的变化趋势基本一致，均呈现先显著上升后显著下降趋势（图 7-5B、C）。当割面出现内缩症状时，胶乳产量和干胶含量

均上升到最大值，分别为 228.20 mL 和 39.09％。随后均显著下降，当割面出现部分死皮症状时，胶乳产量和干胶含量下降至最低值，分别为 30.20 mL 和 22.11％（图 7-5B、C）；粗酶液蛋白含量总体呈先上升后下降趋势（图 7-5D），健康树（未经乙烯利刺激）粗酶液蛋白含量为 15.61 mg/L，强乙烯利刺激后粗酶液蛋白含量显著上升，当割面出现严重内缩症状时达最大值 15.85 mg/L，之后显著下降，部分死皮症状出现时粗酶液蛋白含量达最低值 15.22 mg/L。

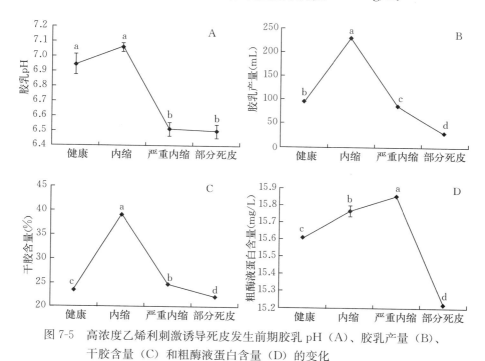

图 7-5　高浓度乙烯利刺激诱导死皮发生前期胶乳 pH（A）、胶乳产量（B）、干胶含量（C）和粗酶液蛋白含量（D）的变化

3. 死皮发生前期胶乳硫醇、无机磷、蔗糖含量及黄色体破裂指数的变化特征　从图 7-6 可以看出，高浓度乙烯利刺激诱导死皮发生前期胶乳硫醇、无机磷及蔗糖含量呈相同变化趋势，均呈先显著上升后逐步回落趋势，且不同症状之间含量差异显著（图 7-6A、B、C）。健康树（未经乙烯利刺激）胶乳硫醇、无机磷和蔗糖含量最低，分别为 0.48 mmol/L、4.11 mmol/L 和 11.79 mmol/L。随着乙烯利的刺激，当割面出现内缩症状时，三者均显著上升至最大值，分别为 1.56 mmol/L、32.76 mmol/L 和 58.10 mmol/L。随后胶乳硫醇、无机磷和蔗糖含量显著降低，当割面出现部分死皮时，三者分别为 0.66 mmol/L、23.28 mmol/L 和 25.41 mmol/L。

强乙烯利刺激后，黄色体破裂指数呈先显著下降后显著上升的趋势，这与其他各生理指标的变化趋势正好相反（图 7-6D）。健康植株胶乳黄色体破裂指数为 18.72％，强乙烯利刺激诱发割线出现内缩症状时，黄色体破裂指数显著下降至最小值 14.27％。随后又显著上升，当割线严重内缩时，黄色体破裂指数增加至 19.15％，部分死皮时黄色体破裂指数显著增上升到最大值 33.69％，约为健康植株的 1.8 倍。

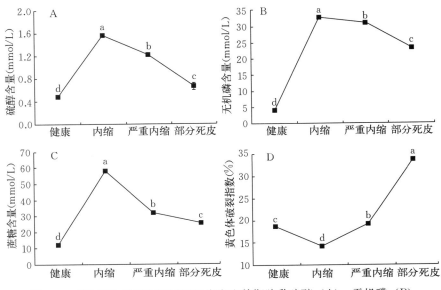

图 7-6　高浓度乙烯利刺激诱导死皮发生前期胶乳硫醇（A）、无机磷（B）、
蔗糖（C）和黄色体破裂指数（D）的变化

4. 死皮发生前期胶乳活性氧相关酶活性的变化特征　为了排除植株自然生长对胶乳酶活性的影响，采用乙烯利处理植株胶乳中每种酶的活性（T）与对照植株胶乳中每种酶的活性（C）的比值（T/C）来衡量酶活性的变化。从图 7-7 可以看出，健康树经高浓度乙烯利刺激后，5 个活性氧相关酶的活性（T）均发生显著变化。其中 CAT、SOD、APX 和 GPX 的活性均呈先显著上升后显著下降趋势。CAT、SOD 和 APX 的活性均在割线出现严重内缩症状（T6）时达到最大值，分别为 190.47 nmol/（min·g）、7 312.15 U/g 和 108.43 μmol/（min·g）。随着乙烯利进一步刺激，CAT、SOD 和 APX 的活性均显著下降。当出现部分死皮症状时（T8），CAT、SOD 和 APX 的活性分别 146.34 nmol/（min·g）、2 338.46 U/g 和 22.71 μmol/（min·g）。SOD 和 APX 活性在割线出现部分死皮时降至最低值，而 CAT 活性虽在割线出现严重内缩后显著下降，但出现部分死皮时，其活性仍然高于乙烯利处理前的值；GPX 活性在乙烯利处理早期，即割线出现严重内缩症状时显著上升至最大值 3 526.32 nmol/（min·g）（图 7-7）。随后显著下降，当割线出现部分

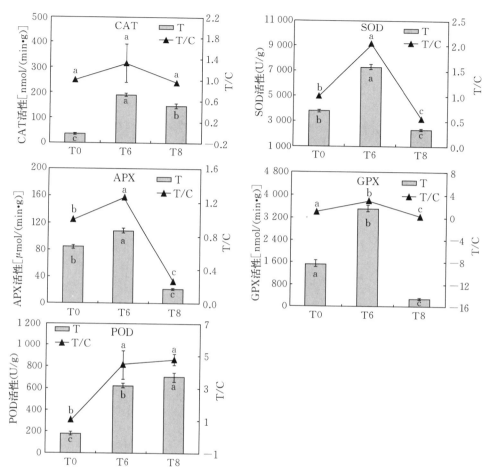

图7-7　高浓度乙烯利刺激诱导死皮发生前期活性氧相关酶活性的变化特征

注：T0、T6 和 T8 分别代表乙烯利处理前，乙烯利处理后 6 周（割线严重内缩）和处理后 8 周（部分死皮）。T 代表乙烯利处理植株胶乳酶活性，C 代表对照植株胶乳酶活性，T/C 代表 T 与 C 的比值。

死皮时达最低值 267.44 nmol/(min·g)；POD 活性则与上述 4 种酶的变化趋势不同，乙烯利处理早期，POD 活性没有明显改变。随着乙烯利刺激的延长，POD 活性显著增加，当割线出现严重内缩和部分死皮时，POD 活性分别为 623.33 U/g 和 705.19 U/g。每种酶的 T/C 值与其相应的酶活力具有几乎相同的变化趋势，除了 CAT 外，SOD、APX 和 GPX 的 T/C 值均呈先显著上升后显著下降趋势，而 POD 的 T/C 值在 T0-T 8 阶段呈显著上升趋势，随后（T6-T8）无明显变化。总体来看，强乙烯利刺激对橡胶树胶乳中活性氧相关酶的活力具有较大的影响，暗示了这些酶可能参与了死皮发生。

5. 小结 乙烯利可明显提高天然橡胶单产（Pujade-renaud et al.，1994），被广泛应用于橡胶生产中（庄海燕等，2010），但乙烯利的过度使用对橡胶树树皮结构及生理生化都产生较大影响，容易导致橡胶树死皮的发生（Hao and Wu，1993；D'Auzac et al.，1989；校现周和蔡磊，2003）。研究乙烯利诱导死皮发生过程中胶乳生理的动态变化对阐明橡胶树死皮发生的生理机制具有重要意义。高浓度乙烯利刺激后割线由正常排胶逐渐发展为排胶线内缩、严重内缩，直至部分死皮。吴继林等（2008）也发现过度乙烯利刺激导致失去排胶功能的乳管列从树皮外层逐渐向树皮内层扩展，直至发生死皮。

胶乳产量和干胶含量可反映胶乳的合成和再生能力，而黄色体破裂指数可反映胶乳中黄色体的完整性和稳定性。黄色体破裂指数增大，说明胶乳稳定性下降，进而导致胶乳凝固，最终停止排胶。强乙烯利刺激后平均单株胶乳产量和干胶含量变化趋势一致，均呈先上升后下降的趋势。在强乙烯利刺激诱导产生内缩症状时，胶乳产量和干胶含量均显著上升并达到最大值，而此时黄色体破裂指数降至最小值。这可能暗示了在刺激初期，乙烯利可能提高了黄色体的稳定性，从而延长了排胶时间、增加了胶乳产量（朱家红等，2010）。随着刺激时间的延长，胶乳产量和干胶含量也随之显著降低，黄色体破裂指数则显著增加。当割线部分死皮症状出现时，胶乳产量和干胶含量都显著下降至最低值，而黄色体破裂指数则显著升高至最大值，暗示了过度的乙烯利刺激可能破坏了黄色体的膜结构，导致黄色体释放出凝固因子，胶乳发生原位凝固，胶乳停排而发生死皮。

硫醇能清除乳管细胞代谢过程中所产生的活性氧，从而保护乳管细胞免受活性氧的伤害。已有研究显示，乳管细胞活性氧的产生速率和含量在高浓度的乙烯利刺激后增加（校现周和蔡磊，2003）。在本研究中，活性氧含量可能也是随着乙烯利的不断刺激而增加。在乙烯利刺激早期硫醇含量显著增加，说明此时硫醇对活性氧的清除能力很强。但随着乙烯利刺激时间的延长，硫醇含量显著降低，暗示随着活性氧的大量产生，硫醇对活性氧的清除能力显著下降，导致活性氧在乳管细胞内过度积累，从而对乳管细胞产生伤害并导致死皮的发生；乙烯利刺激后胶乳中无机磷含量呈先上升后下降趋势，说明乳管细胞代谢能力在乙烯利刺激早期逐渐增强，而后逐渐减弱。高浓度乙烯利刺激后，蔗糖含量呈先上升后下降趋势。乙烯利刺激早期胶乳蔗糖含量增高，说明用于合成橡胶的前体充足，胶乳的合成和再生能力增强，相应的胶乳产量也呈增加趋势。随着严重内缩及部分死皮症状的出现，蔗糖含量显著下降，相应的胶乳产量降低。此外，胶乳 pH 也与胶乳再生相关（王岳坤等，2014），粗酶液蛋白含量则与乳管系统合成代谢相关（敖硕昌等，1994），二者在强乙烯利刺激诱导死皮发生过程中也发生显著变化，表明它们可能与死皮的发生密切相关。

机械伤害、低温、干旱及病原侵染等多种胁迫均能引起活性氧爆发，从而导致植物细胞受到氧化胁迫损伤（Apel and Hirt，2004；Camejo et al.，2016；Choudhury et al.，2017；Segal and Wilson，2018；Mhamdi and Van Breusegem，2018）。CAT、SOD、APX、GPX 和 POD 等活性氧清除系统相关酶在保护植物免受氧化胁迫伤害中扮演重要角色（Gill and Tuteja，2010；Choudhury et al.，2013）。橡胶树死皮发生与活性氧信号密切相关（D'Auzac et al.，1989；Li et al.，2010；Zhang et al.，2017；Li et al.，2020），活性氧清除系统参与了对死皮的应答（Venkatachalam et al.，2007；邓治等，2014；Deng et al.，2015；Putranto et al.，2015）。为了更好地理解活性氧清除系统在死皮应答中的角色，我们利用前期已建立的诱导死皮发生和促进死皮恢复试验系统，分析了活性氧清除相关酶（CAT、SOD、APX、GPX 和 POD）在诱导死皮发生和促进死皮恢复过程中的变化特征。在植物中，SOD 能催化有害的超氧自由基转化为 H_2O_2，是植物抵御活性氧损伤的第一道防线。随后，H_2O_2 被 APX、CAT 和 GPX 脱毒（Apel and Hirt，2004）。POD 催化 H_2O_2 和多种还原剂之间的氧化还原反应（Hiraga et al.，2001；Wally and Punja，2010）。在高浓度乙烯利刺激诱导死皮发生过程中，SOD、APX 和 GPX 活力（T/C）在死皮发生后（T8）均呈显著下降趋势，而 POD 活性则呈上升趋势。已有研究表明，乙烯利刺激增加了 POD 活性，但降低了 SOD 活性（D'Auzac et al. 1989；Das et al. 1998；Wang et al. 2015）；D'Auzac 等（1989）发现乙烯利刺激降低了 CAT 活性，而本研究中死皮发生后 CAT 活性没有明显改变；以前的研究发现，死皮发生后 GPX 活性显著下降（袁坤等，2014b）。本研究也发现部分死皮发生后 GPX 活性显著降低，且显著低于乙烯利处理前水平。

从上述结果可以看出，高浓度乙烯利刺激条件下，胶乳各生理指标均发生明显变化，说明这些生理指标与橡胶树死皮发生密切相关。研究高浓度乙烯利刺激下胶乳生理指标的变化特征为阐明橡胶树死皮发生的生理机制奠定了良好基础。

（二）强乙烯利刺激诱导死皮发生发展过程中胶乳生理指标的变化特征

1. 主要研究方法　为进一步明确强乙烯利刺激诱导橡胶树死皮发生发展过程中胶乳生理指标的变化规律，在探究强乙烯利刺激诱导橡胶树死皮发生前期胶乳生理变化的基础上，我们进一步分析了强乙烯利刺激诱导死皮发展后期（诱导产生 2 级、3 级、4 级和 5 级死皮）的胶乳相关生理生化指标变化特性，以期进一步揭示乙烯利过度刺激采胶诱发橡胶树死皮的生理机制。以橡胶树品种热研 7-33-97 为试验材料，植株 2003 年定植，2011 年开割。选择树围接近、树体健康、割线排胶完全正常的植株 60 株。其中，48 株作为高浓度乙烯利处理组（ET 组），另 12 株作为对照组（CK 组）。2019 年 5～9 月，对 ET 组进行乙烯利过度刺激采胶。处理时，采用毛刷将乙烯利溶液均匀涂刷在割线及其上下各 2 cm 的割面上，每 10 d 涂一次。乙烯利处理浓度及次数依次为 1％乙烯利 1 次、3％乙烯利 2 次、5％乙烯利 2 次、7％乙烯利 2 次、9％乙烯利 5 次。CK 组不进行乙烯利处理。处理过程中，ET 组和 CK 组均采用 S/2、d3 割制割胶。每次割胶后，测量各植株胶乳产量。最后一次乙烯利处理后第 3 刀割胶时，观测各植株死皮长度和割线总长度，计算死皮比例，参照橡胶树死皮分级标准（附录一）确定死皮等级。根据观测结果，采集 2～5 级死皮植株和健康植株胶乳用于相关生理生化指标的测定。割胶胶乳停排后，采用量筒测量每株橡胶树收集的新鲜胶乳产量；取收集的胶乳 10 mL，采用 pH 计测定胶乳 pH；胶乳干胶含量的测定参照郭秀丽等（2016）的方法；胶乳总固形物含量的测定参照龙翔宇等（2014）的方法；胶乳黄色体破裂指数的测定参照程成等（2012）的方法；胶乳硫醇含量的测定参照杨少琼和何宝玲（1989）的方法；胶乳无机磷含量的测定采用钼酸铵比色法，具体方法参照 Taussky 和 Shorr（1953）。采用激光散射粒度分布分析仪（LA-960S，日本 HORIBA 公司）测定胶乳橡胶粒子粒径大小分布和平均粒径。

2. 强乙烯利刺激诱导死皮发生发展过程中胶乳产量、干含及总固形物含量变化特征　对照组（未经乙烯利刺激，0 级）单株胶乳产量随割次增加逐渐升高，在后期逐渐趋于平稳；强乙烯利刺激组 2～5 级死皮树单株胶乳产量均呈先升高后下降的趋势（图 7-8）。在第 26 割次之前，高浓度乙烯利刺激极大提升了单株胶乳产量。同对照组相比，强乙烯利刺激组各级死皮植株平均单株胶乳产量普遍增加 3 倍以上。第 26 割次之后，虽然强乙烯利刺激组各死皮等级植株的产量仍明显高于对照组，但乙烯利过度刺激的负面效应逐步显现，包括死皮发生，平均单株胶乳产量逐步下降。死皮等级越高，死皮出现越早，单株胶乳产量开始下降越早，产量下降也越迅速。第 37 割次时，2 级死皮植株的平均单株胶乳产量仍明显高于对照组，3 级死皮植株与对照组接近，均为 95 mL 左右，而 4 级和 5 级死皮植株的平均单株胶乳产量仅为 39 mL 和 15 mL，明显低于对照组（图 7-8）。

由图 7-9A 和 7-9B 可知，不同死皮等级植株的胶乳干胶含量和总固形物含量变化趋势基本一致。与对照组健康植株（0 级）的胶乳干胶和总固形物含量（33.2％和 40.9％）相比，强乙烯利刺激诱发的 2～3 级死皮植株表现为逐步降低，而 4～5 级死皮植株开始逐渐回升，但 2～4 级死皮植株的含量均显著低于健康植株，其中 3 级死皮植株的含量最低（分别比健康植株低 6.5％和 7.5％），5 级死皮植株则基本回归到健康植株水平。

3. 不同死皮等级橡胶树的胶乳 pH 和黄色体破裂指数变化特征　同健康植

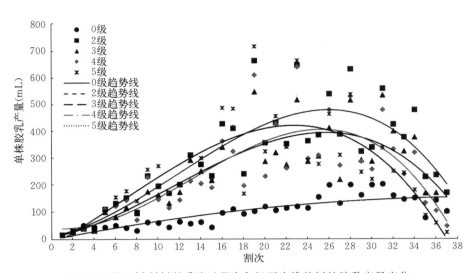

图 7-8　强乙烯利刺激采胶过程中各级死皮橡胶树的胶乳产量变化

注：0 级：健康植株，未采用乙烯利刺激；2～5 级：强乙烯利刺激诱导产生的 2～5 级死皮植株，下同。

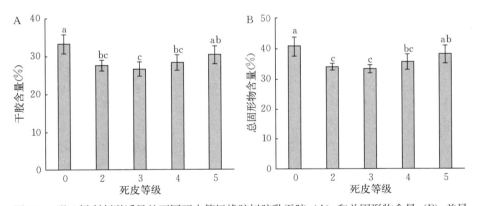

图 7-9　强乙烯利刺激诱导的不同死皮等级橡胶树胶乳干胶（A）和总固形物含量（B）差异

株（0 级）相比，强乙烯利刺激诱发的 2～5 级死皮橡胶树的胶乳 pH 略有上升（图 7-10A）。其中，3 级死皮植株胶乳 pH 最高，为 6.86，显著高于健康植株（6.61）；其他级死皮植株与健康植株差异不显著（图 7-10A）。在强乙烯利刺激采胶过程中，随植株死皮等级增加，胶乳黄色体破裂指数逐步升高，其中 2～5 级死皮植株的胶乳黄色体破裂指数均显著高于健康植株。4 级和 5 级死皮植株的胶乳黄色体破裂指数接近，为 40% 左右，约是健康植株（24.8%）的 1.6 倍（图 7-10B）。

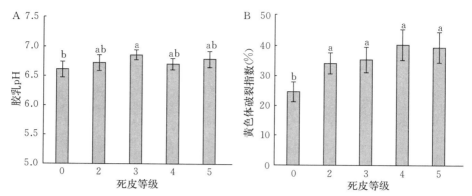

图 7-10　强乙烯利刺激诱导的不同死皮等级橡胶树胶乳 pH（A）和黄色体破裂指数（B）差异

4. 不同死皮等级橡胶树的胶乳硫醇和无机磷含量变化特征　在强乙烯利刺激诱导橡胶树死皮的发展过程中，2～3 级死皮植株的胶乳硫醇含量逐步上升，均显著高于健康植株（0 级）。其中，3 级死皮植株含量最高，为 0.37 mmol/L；4～5 级死皮植株含量则逐渐回落，与健康植株无显著差异（图 7-11A）。胶乳无机磷含量以 2 级死皮植株最高，为 40.3%，是健康植株（19.0%）的 2.1 倍；2～5 级死皮植株的逐渐下降，其中 5 级死皮植株与健康植株无显著差异，但 3 级和 4 级死皮植株均显著高于健康植株（图 7-11B）。

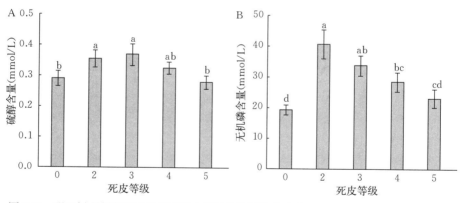

图 7-11　强乙烯利刺激诱导的不同死皮等级橡胶树胶乳硫醇（A）和无机磷含量（B）差异

5. 不同死皮等级橡胶树的胶乳橡胶粒子大小变化　在强乙烯利刺激诱导橡胶树死皮发展过程中，各等级死皮植株的胶乳橡胶粒子粒径变化在 0.09～2.27 μm 范围，呈单峰分布（图 7-12）。同健康植株（0 级）相比，强乙烯利刺激诱导的 2～5 级死皮植株向小粒径方向偏移，且峰值下降；死皮等级越高，偏移越多，峰值越低。健康植株的胶乳橡胶粒子粒径在 1.08 μm 达到峰值，频度约为 18.5%；2 级死皮植株峰值偏移至 0.94 μm，频度降至 17.0%；5 级死皮植株峰值偏移至 0.88 μm，频度仅为 16.4%。进一步比较分析发现，2～5 级死皮植株胶乳橡胶粒子的平均粒径均显著低于健康植株，且随死皮等级增加而逐步减小，这与图 7-12 的结果也相符。健康橡胶树胶乳橡胶粒子的平均粒径为 0.89 μm，而 5 级死皮植株的降至 0.79 μm（图 7-13）。这表明，在强乙烯利刺激诱导橡胶树死皮的发展过程中，胶乳橡胶粒子逐渐变小。

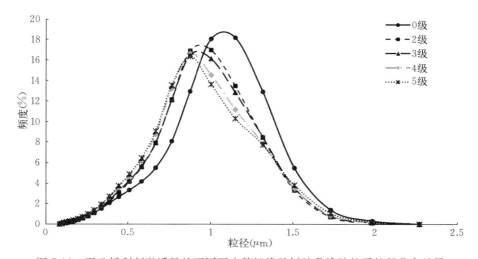

图 7-12　强乙烯利刺激诱导的不同死皮等级橡胶树胶乳橡胶粒子粒径分布差异

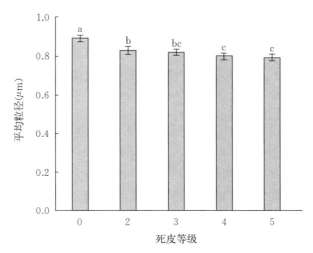

图 7-13　强乙烯利刺激诱导的不同死皮等级橡胶树胶乳橡胶粒子平均粒径差异

6. 小结 乙烯利刺激能显著提高橡胶树胶乳产量，因而生产中广泛应用，适宜的乙烯利浓度一般能使产量提高 1.5～2 倍。本研究采用的高浓度乙烯利，增产效果更明显。在高浓度乙烯利采胶早期阶段，胶乳产量提高达 3～4 倍，但并不能持续太久。因为橡胶树对乙烯利刺激强度有一定耐受范围，超过范围后死皮会明显增加，在第 26 割次之后，死皮迅速发生发展，胶乳产量开始下滑，由最初的显著增产变为明显减产。仅 4 个月左右的乙烯利过度刺激采胶便导致高达 93.75％ 的植株发生不同程度的死皮。由此可见，乙烯利过度刺激采胶会快速诱发橡胶树死皮。因此，生产上应合理使用乙烯利，严格控制刺激强度，以免变利为害。

乙烯利过度刺激导致橡胶树死皮的机制目前仍不十分清楚，不利于指导生产上的趋利避害。在乙烯利过度刺激诱导橡胶树死皮过程中，胶乳干胶和可溶性固形物含量均在 0～3 级死皮植株中逐步下降，在 4～5 级死皮植株中逐步回升。高浓度乙烯利刺激会促进水分输入乳管，产生稀释效应，即导致胶乳干胶含量和可溶性固形物含量的降低（许闻献等，1995；杨文凤等，2017）。在乙烯利过度刺激采胶初期，胶乳强烈稀释，排胶时间延长，胶乳排出量大幅增加，水分随之流失严重，导致树体水分发生不正常波动，这可能是发生死皮的主要因素之一。树体水分波动一方面会导致植株生理失衡、代谢紊乱，另一方面会引起渗透压改变，导致黄色体破裂（曹建华等，2008；位明明等，2016）。在乙烯利过度刺激下橡胶树发生 3 级死皮之前，由于乙烯利的强稀释效应，呈现出死皮植株的胶乳干胶和可溶性固形物含量低于健康植株的现象。在强乙烯利刺激下，过度排胶造成水分大量流失，树体水分不能及时补充，稀释效应逐渐降低，故呈现出 4～5 级死皮植株中含量逐步回升的趋势。在过度采胶的情况下，过低的胶乳干胶和可溶性固形物含量预示着橡胶树有发生死皮的风险，因此可作为"警戒指标"。当其值明显偏低时，应降低乙烯利刺激强度或割胶频率，以利于树体调整恢复，维持产胶与排胶的动态平衡，避免死皮发生。

高浓度乙烯利刺激采胶引起排胶面的胶乳强烈稀释，渗透压显著下降，会导致对渗透压敏感的黄色体等细胞器破裂。本文中乙烯利过度刺激诱发的死皮植株胶乳黄色体破裂指数显著增加，且随死皮等级增加而增大，黄色体的破裂与橡胶树死皮发生有直接关系。黄色体中含有较高浓度的阳离子（Ca^{2+} 和 Mg^{2+} 等）、阳离子蛋白和凝聚素等物质。当黄色体破裂后，这些带正电荷的物质释放，并通过电荷中和作用使带负电荷的橡胶粒子凝集、凝固，堵塞乳管伤口，使排胶受阻，甚至停排，表现出死皮症状。

除渗透胁迫外，乳管中活性氧的过量积累也会导致黄色体破裂。橡胶树乳管细胞中，黄色体膜上的 NADPH 氧化酶能利用 NADH 消耗 O_2 生成 O_2^-。

O_2^- 进一步形成其他形式的活性氧，如·OH 和 H_2O_2 等。为避免活性氧积累对细胞的毒害作用，乳管内存在两类保护系统。一类是酶促清除系统，包括 CAT 和抗坏血酸过氧化物酶（Asb-POD）等；另一类为非酶促保护系统，主要为硫醇、抗坏血酸和维生素 E 等。硫醇作为一类重要的抗氧化剂，能保护乳管细胞膜系统免受活性氧的损害。乙烯利过度刺激诱导橡胶树发生 3 级死皮之前，死皮植株排出胶乳的硫醇含量均显著高于健康植株。乙烯利过度刺激后，排胶量剧增，大量硫醇随胶乳流出，导致割线附近硫醇含量下降，降低了对乳管细胞膜系统的保护。有毒的活性氧增加，而抗氧化剂硫醇含量降低，造成过氧化活性与清除活性之间失去平衡，导致黄色体破裂，乳管堵塞，排胶受阻，发生死皮。大量硫醇随胶乳流出，树体不能及时合成补充，势必导致排出胶乳中硫醇含量越来越低及死皮程度加重，故 4～5 级死皮植株流出胶乳的硫醇含量逐步降低。如果乙烯利过度刺激采胶持续下去，最终会呈现死皮橡胶树胶乳硫醇含量显著低于健康树。

胶乳无机磷含量随死皮等级提高呈递减趋势，但均高于健康植株。研究表明，乙烯利刺激会提高胶乳的无机磷含量，且无机磷含量与乙烯利浓度呈正相关（曹建华等，2008；杨文凤等，2017）。在用高浓度乙烯利刺激后，胶乳再生与能量代谢旺盛，胶乳产量及无机磷含量大幅增加，但由于大量无机磷随胶乳流出，树体不能及时补充，势必导致树体养分亏缺，促使死皮发生，并伴随发生胶乳无机磷含量逐步下降。这表明，死皮发生会使植株能量代谢强度降低，且死皮越严重降低越多。在高浓度乙烯利刺激和死皮的双重影响下，胶乳无机磷含量呈现出本研究中的变化趋势。如停止使用乙烯利，刺激效应消失，将会出现前述中随着死皮等级提高，胶乳无机磷含量递减，且均显著低于健康植株。

橡胶粒子作为橡胶树乳管细胞中的一种特殊细胞器，是橡胶生物合成和贮存的主要场所，占乳管细胞胶乳的 30%～45%。橡胶树橡胶粒子的形状有球形、卵形和梨形，粒子直径分布在 0.08～2 μm，平均直径 1 μm 左右。分析表明，健康植株的胶乳的橡胶粒子直径在 0.08～2.27 μm，呈单峰分布，平均粒径为 0.89 μm。同健康植株相比，死皮植株的胶乳橡胶粒子直径分布向小粒径偏移，峰值降低，平均粒径减小。橡胶生物合成是在橡胶粒子膜上进行的，死皮植株橡胶粒子变小，减少了橡胶粒子膜的总表面积和贮存空间，这可能会降低橡胶生物合成效率，从而导致死皮植株胶乳产量明显降低。死皮等级越高，产量越低，橡胶粒子也越小，表明橡胶粒子大小与死皮呈负相关。在乙烯利过度刺激采胶过程中，橡胶粒子变小可能是诱导死皮发生的一个重要因素。

三、死皮橡胶树恢复过程中胶乳生理指标的变化特征

橡胶树死皮的发生与恢复是一相反的过程。健康到死皮、死皮到恢复是很好的互补研究系统，比较这两个过程中相关指标的变化，能很好地排除干扰，找到与橡胶树死皮直接相关的因子。解析橡胶树死皮恢复的生理机制是对死皮发生生理机制研究的重要补充，为此，我们利用建立的橡胶树死皮康复综合技术创制死皮恢复材料，比较胶园中自然死皮植株以及强乙烯利刺激诱导的死皮植株恢复过程中胶乳生理指标的变化规律，探究死皮恢复的生理基础，以期为现有橡胶树死皮康复营养剂的改良升级和更高效死皮防治产品的研发提供理论依据。

（一）胶园中自然死皮橡胶树恢复过程中胶乳生理指标的变化特征

1. 主要研究方法　试验所用橡胶树品种为热研 7-33-97，植株种植于 2003 年，开割于 2011 年。对林段进行死皮调查，选择割线死皮长度占割线总长的 60%～80% 的植株分为两组，一组作为死皮对照组（不进行恢复处理），另一组作为恢复处理组。采用死皮康复综合技术对恢复组植株进行处理。处理 5 个月后，根据死皮长度恢复率，从恢复处理组中选择不同恢复程度的植株两组：恢复组 1 和恢复组 2。恢复组 1 的植株死皮长度恢复率在 45%～60%，恢复组 2 的植株死皮长度恢复率在 85% 以上。同时，从死皮对照组选出 9 株死皮植株作为死皮组。另选择 9 株健康植株作为健康组。采集各组胶乳样品，测定胶乳产量、pH、黄色体破裂指数、干胶含量、总固形物含量、硫醇含量和无机磷含量。胶乳蔗糖含量的测定采用蒽酮试剂法（Ashwell，1957）。转化酶活性的测定参照龙翔宇等（2014）的方法。

2. 死皮树恢复过程中胶乳产量的变化特征　比较各组植株胶乳产量发现，死皮组平均单株胶乳产量显著低于健康组（图 7-14）。健康组平均单株胶乳产量为 249.4 mL，而死皮组只有 41.7 mL，仅为健康组植株的 16.7%。死皮组植株平均割线死皮率为 70.4%，而造成的胶乳产量损失高达 83.3%，由此可见，橡胶树死皮危害的严重性。死皮恢复过程中，单株胶乳产量逐步回升，恢复组 1 和 2 的平均单株胶乳产量均显著高于死皮组，且割线死皮恢复率越高，产量回升也越多。恢复组 2 植株平均割线死皮恢复率达 92.4%，但胶乳产量仍显著低于健康组植株，为 165.8 mL，仅为健康组植株的 66.5%。

3. 死皮树恢复过程中胶乳干胶和总固形物含量变化　同健康组相比，死皮组植株胶乳干胶含量显著增加，而在死皮恢复过程中，随着割线死皮恢复率增加，干胶含量逐渐回落（图 7-15A）。同死皮组相比，恢复组 1 植株胶乳干胶含量虽有所降低，但差异并不显著，恢复组 2 植株胶乳干胶含量则显著降

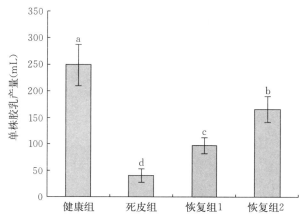

图 7-14　死皮橡胶树恢复过程中胶乳产量的变化

低。各组间胶乳总固形物含量变化趋势与干胶含量变化趋势基本一致，不同的是，恢复组 1 植株胶乳总固形物含量也较死皮组显著降低（图 7-15B）。恢复组 2 植株胶乳干胶和总固形物含量虽明显回落，但仍高于健康组 4％左右。可见，采用死皮康复综合技术促进死皮恢复过程中胶乳干胶和总固形物含量逐步向正常水平回归。

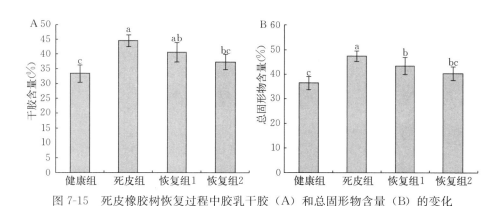

图 7-15　死皮橡胶树恢复过程中胶乳干胶（A）和总固形物含量（B）的变化

4. 死皮树恢复过程中胶乳 pH 和黄色体破裂指数变化　同健康组相比，死皮组植株胶乳 pH 显著升高，而在死皮恢复过程中，胶乳 pH 略有下降，但恢复组 1 和 2 仍显著高于健康组，而与死皮组的差异并不显著（图 7-16A）。同健康组相比，死皮组植株胶乳黄色体破裂指数显著升高，而在死皮恢复过程中，随着割线死皮恢复率增加，黄色体破裂指数逐渐回落（图 7-16B）。同死皮组相比，恢复组 1 植株胶乳黄色体破裂指数虽有所降低，但差异并不显著。恢复组 2 植株胶乳黄色体破裂指数较死皮组显著降低，与健康组无显著差异，但仍比其高 5.5％。可见，采用死皮康复综合技术处理促使死皮恢复过程中胶乳黄色体破裂指数逐步向正常水平回归，而 pH 无明显恢复趋势。

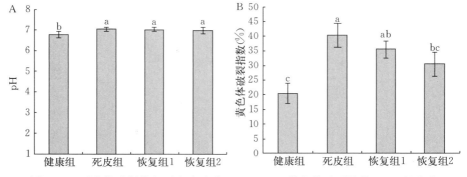

图 7-16　死皮橡胶树恢复过程中胶乳 pH（A）和黄色体破裂指数（B）的变化

5. 死皮树恢复过程中胶乳无机磷和硫醇含量变化　同健康组相比，死皮组植株胶乳无机磷含量显著下降（图 7-17A）。健康植株胶乳无机磷含量为 0.76 mmol/L，而死皮组无机磷含量仅为 0.14 mmol/L，不到健康组的 1/5。死皮恢复过程中，胶乳无机磷含量逐步升高。恢复组 1 植株胶乳无机磷含量较死皮组虽有所增加，但差异并不显著；恢复组 2 植株胶乳无机磷含量较死皮组显著增加，但含量仅为 0.28 mmol/L，仍显著低于健康组。各组植株胶乳硫醇含量的变化趋势与无机磷含量的趋势基本一致（图 7-17A、B）。死皮组植株胶乳硫醇含量较健康组显著下降，而在死皮恢复过程中，随着割线死皮恢复率增加，硫醇含量逐步回升。恢复组 2 植株胶乳硫醇含量虽较死皮组显著增加，但仍显著低于健康组。可见，采用死皮康复综合技术处理促使死皮恢复过程中胶乳无机磷和硫醇含量逐步向正常水平回归。

6. 死皮树恢复过程中胶乳蔗糖含量和转化酶活性变化　同健康组相比，死皮组植株胶乳蔗糖含量显著增加（图 7-18A）。健康组和死皮组植株胶乳蔗糖含量分别为 1.03 mg/mL 和 1.58 mg/mL。恢复组 1 植株胶乳蔗糖含量与死皮组差异不明显，也显著高于健康组。恢复组 2 植株胶乳蔗糖含量较死皮组和恢复组 1 显著下降，虽略高于健康组，但差异并不显著。同健康组相比，死皮组植株胶乳转化酶活性显著降低，为对照组的 60.7％（图 7-18B）。死皮恢复过程中，随着割线死皮恢复率增加，转化酶活性逐步回升。恢复组 1 和 2 植株胶乳转化酶活性均较死皮组显著提高，但两组仍显著低于健康组。可见，采用死皮康复综合技术处理促使死皮恢复过程中胶乳蔗糖含量和转化酶活性也趋向于正常水平。

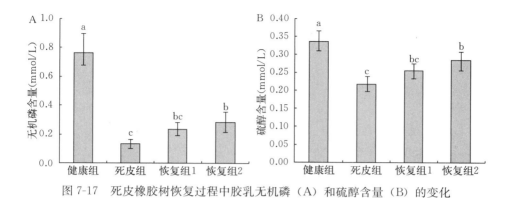

图 7-17　死皮橡胶树恢复过程中胶乳无机磷（A）和硫醇含量（B）的变化

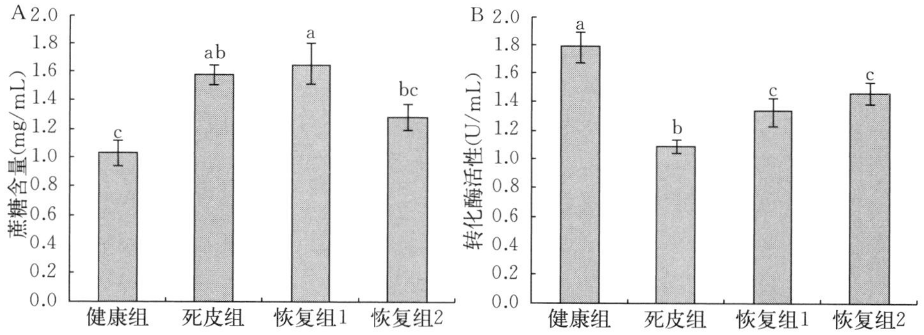

图 7-18　死皮橡胶树恢复过程中胶乳蔗糖含量（A）和转化酶活性（B）的变化

7. 小结　本研究通过死皮康复综合技术处理创制不同死皮恢复程度的试验材料，通过比较分析死皮发生与恢复这一相反过程中胶乳生理参数的变化规律探究橡胶树死皮恢复的生理基础，这将为进一步改良升级现有死皮康复综合技术及研发更高效死皮防治药剂提供理论依据。

总固形物和干胶含量体现了胶乳的浓度，其值越高表明胶乳越浓、黏度越高。本文中死皮树胶乳总固形物和干胶含量显著高于健康植株。胶乳总固形物和干胶含量增加，黏度增大。高黏度会降低排胶速度，促使胶乳过早凝固，导致排胶困难，甚至停排，影响胶乳产量。过高的总固形物和干胶含量可能是造成死皮症状出现的原因之一。死皮恢复过程中，总固形物和干胶含量逐步回落，趋向于正常水平，意味着降低死皮橡胶树胶乳总固形物和干胶含量有助于死皮植株恢复排胶。

橡胶生物合成中的许多关键酶都对胶乳 pH 敏感，pH 的改变会对乳管系统的代谢活动产生影响。死皮组植株胶乳 pH 高于健康组，恢复组虽略有下降，但与死皮组无明显差异，仍显著高于健康组。各组胶乳 pH 在 6.7～7.1，均在正常范围内。死皮树胶乳黄色体破裂指数增加，黄色体破裂指数与橡胶树死皮直接相关。死皮组植株胶乳黄色体破裂指数显著高于健康组，而在死皮恢复过程中黄色体破裂指数逐步向正常水平回落。黄色体破裂指数反映了胶乳黄色体的完整性，其值越高，黄色体破裂越严重。黄色体破裂后释放的内含物会造成胶乳橡胶粒子凝聚而堵塞乳管伤口，导致排胶停止，进而影响产量。维持或恢复胶乳黄色体的完整性，对于防治橡胶树死皮具有重要作用。

硫醇作为重要的还原剂，除能清除活性氧、保护乳管细胞免受损害外，还能激活橡胶生物合成途径中一些关键酶的活性，影响胶乳产量。死皮植株胶乳硫醇含量显著低于健康植株，而在死皮恢复过程中硫醇含量逐步回升，趋向于正常水平。死皮恢复过程中，硫醇含量的逐步增加将提升对乳管系统的保护能力和橡胶生物合成途径中一些酶的活性，促进胶乳的再生和产量的恢复。由此可见，活性氧在橡胶树死皮发生中扮演重要角色。

橡胶树死皮发生与恢复过程中，胶乳无机磷含量的变化与硫醇含量的变化趋势基本一致。死皮植株胶乳无机磷含量大幅降低，表明死皮植株乳管系统代谢较弱。死皮恢复过程中，无机磷含量逐步增加，但回升幅度不大，仍显著低于健康植株，表明恢复组植株乳管系统代谢还未能完全恢复。各组植株胶乳产量的变化趋势基本与硫醇和无机磷含量的变化趋势一致，表现出明显的正相关性。蔗糖是天然橡胶生物合成的初始原料，其供给利用与天然橡胶的生物合成及再生密切相关。转化酶是催化蔗糖分解的关键酶，其催化蔗糖分解为葡萄糖和果糖，进而通过糖酵解、磷酸戊糖以及甲羟戊酸等途径为胶乳再生提供能量和前体物质，其活性和胶乳产量具有很高的相关性，是影响胶乳代谢和再生的关键酶之一。胶乳蔗糖含量高可能是由于胶树供应给乳管细胞的蔗糖充足，也可能是由于蔗糖的分解速率降低。本研究发现，同健康植株相比，死皮植株胶乳蔗糖含量增加，而转化酶活性降低，说明死皮橡胶树由于转化酶活性的降低，导致蔗糖的利用效率降低，而使蔗糖积累。死皮恢复过程中，转化酶活性逐渐升高，蔗糖利用效率逐步提升，含量回落。转化酶活性的提升对于死皮植株的恢复具有重要意义，恢复死皮植株转化酶的活性，将有利于胶乳的代谢和再生，促进产量的恢复。

（二）强乙烯利刺激诱导产生的死皮树恢复过程中胶乳生理指标的变化特征

1. 主要研究方法 强乙烯利刺激诱导的死皮植株恢复处理同前述第六章四中的方法。采集 R0（死皮植株）、R16（恢复处理 16 周时，割线症状恢复至内缩）和 R22（处理 22 周时，割线恢复全线排胶）植株的胶乳，按照第七章一中的方法，测定胶乳产量、干胶含量、pH、粗酶液蛋白含量、硫醇、无机磷、蔗糖含量及黄色体破裂指数。活性氧相关酶活性测定参照前述二中的方法。

2. 胶乳 pH、产量、干胶及粗酶液蛋白含量的变化特征 强乙烯利刺激诱导产生的死皮植株经死皮康复综合技术处理后，胶乳 pH 显著上升，在恢复处理 16 周时达到最大值（图 7-19A）；平均单株胶乳产量在恢复处理后显著增加，在处理 16 周时胶乳产量由处理前的约 20 mL 显著增加至 110 mL 左右，随着进一步恢复处理，胶乳产量持续增加，恢复处理 22 周时，胶乳产量达到 151 mL，约为恢复处理前产量的 7.5 倍（图 7-19B），说明死皮康复综合技术在促进死皮恢复过程中增产效果明显；干胶含量呈先上升后下降趋势，由处理前的 41.49% 显著下降至 33.61%（处理 22 周时）（图 7-19C）；粗酶液蛋白含量在死皮康复综合技术处理后无明显变化（图 7-19D）。

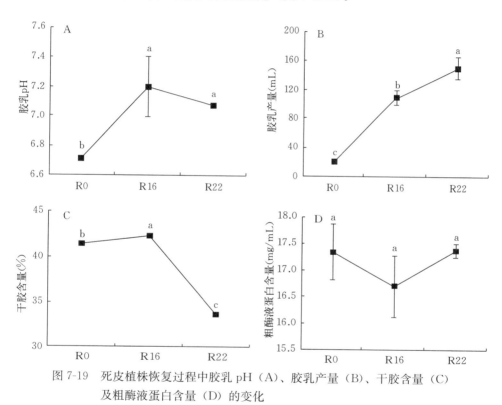

图 7-19　死皮植株恢复过程中胶乳 pH（A）、胶乳产量（B）、干胶含量（C）
及粗酶液蛋白含量（D）的变化

3. 胶乳硫醇、无机磷、蔗糖含量及黄色体破裂指数的变化特征　死皮植株在死皮康复综合技术处理过程中，胶乳硫醇和无机磷含量均呈先显著下降后显著上升趋势（图 7-20A、B）。恢复处理 16 周时，胶乳硫醇和无机磷含量均显著下降至最低值，分别为 0.51 mmol/L、3.96 mmol/L。随后胶乳硫醇和无机磷含量不断增加，在处理 22 周时，二者均显著增加至最大值，分别为 1.19 mmol/L 和 14.56 mmol/L；胶乳蔗糖含量呈显著上升趋势（图 7-20C）。恢复处理前，胶乳蔗糖含量为 5.45 mmol/L，处理 16 周时显著增加至

18.46 mmol/L，处理 22 周时显著增加至 28.48 mmol/L；恢复处理前，黄色体破裂指数为 44.38%。处理 16 周时，黄色体破裂指数无明显变化。随着死皮康复综合技术的继续处理，黄色体破裂指数显著下降，到 22 周时下降至最低值 13.47%，为处理前的 30% 左右（图 7-20D）。

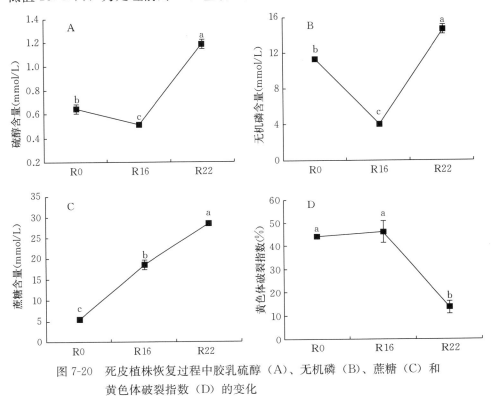

图 7-20　死皮植株恢复过程中胶乳硫醇（A）、无机磷（B）、蔗糖（C）和
黄色体破裂指数（D）的变化

4. 胶乳活性氧相关酶活性的变化特征　为了排除植株自然生长对胶乳酶活性的影响，采用死皮康复综合技术处理植株胶乳中每种酶的活性（T）与对照植株胶乳中每种酶的活性（C）的比值（T/C）来衡量酶活性的变化。在恢复处理促进死皮树恢复产胶过程中，CAT 活性（T）在营养剂处理 16 周时（R16）由处理前的 99.48 nmol/(min · g)（R0）显著下降至最低值 48.08 nmol/(min · g)（R16）。随后显著上升，当割线恢复正常产胶时（R22），CAT 活性增加至 100.95 nmol/(min · g)，接近处理前水平（图 7-21）；SOD 和 APX 活性总体均呈显著上升趋势。恢复处理 16 周时，SOD 活性由原来的 3 386.52 U/g 显著增加至 5 175.59 U/g，在恢复处理 16～22 周，SOD 活性没有明显变化；处理 16 周和 22 周时，APX 活性均呈显著上升趋势，由处理前的 46.54 μmol/(min · g) 显著上升至 111.87 μmol/(min · g) 和 166.17 μmol/(min · g)；GPX 活性则

在恢复处理期间无明显改变；POD 活性在恢复处理前期（0～16 周）无明显变化，16 周后，POD 活性显著下降，在处理 22 周时，即割线完全恢复产胶后 POD 活性下降至最低值 133.33 U/g（图 7-21）。然而除了 POD 外，CAT、SOD、APX 和 GPX 的酶活力与其相应的 T/C 值具有不同的变化趋势，这说明在死皮树恢复产胶过程中，植株自然生长对酶活力的变化具有较大的影响。在死皮康复综合技术处理死皮树恢复产排胶过程中，SOD、APX 和 GPX 的 T/C 值没有明显变化，CAT 的 T/C 值呈先显著上升后下降趋势，而 POD 的 T/C 值呈显著下降趋势。

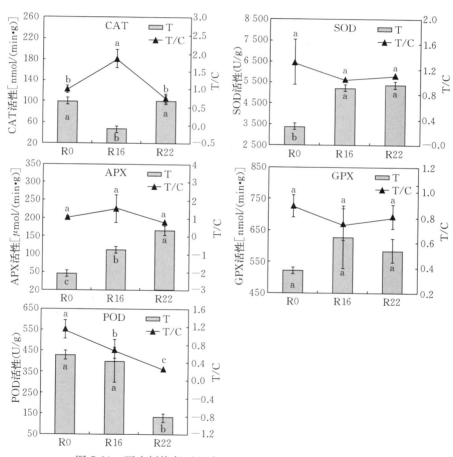

图 7-21　死皮树恢复过程中活性氧相关酶活性的变化特征

注：R0、R16 和 R22 分别死皮康复综合技术处理前（割线部分死皮）、处理 16 周（割线内缩）和 22 周（割线几乎全线排胶）。T 代表死皮康复综合技术处理植株胶乳酶活性，C 代表对照植株胶乳酶活性，T/C 代表 T 与 C 的比值。

5. 小结 从总体来看，死皮康复综合技术促使死皮植株产排胶恢复过程中，平均单株胶乳产量、硫醇、无机磷和蔗糖含量均呈上升趋势，而黄色体破裂指数则呈显著下降趋势。死皮康复综合技术处理死皮植株后平均单株胶乳产量显著增加，这说明死皮康复综合技术具有提高胶乳合成和再生能力的作用，对死皮植株具有一定的康复效果；死皮恢复过程中黄色体破裂指数显著下降，暗示死皮康复综合技术处理可能提高了黄色体的稳定性和完整性，减少了黄色体破裂导致的胶乳凝固，从而提高了胶乳产量。

死皮康复综合技术处理死皮植株 16 周时，硫醇和无机磷含量均显著下降。随后硫醇和无机磷含量又迅速增加，且显著高于处理前的水平。硫醇含量在恢复处理 22 周时显著上升至最大值，硫醇含量的增加可能大大提升了对乳管细胞过多有毒氧的清除，降低了有毒氧对乳管细胞的伤害，从而增强了乳管细胞的产胶能力。无机磷含量在恢复处理 22 周时显著增加至最高值，暗示乳管细胞的代谢能力显著增强（谭德冠等，2004），这可能进一步促进了胶乳的合成。从当前结果可以看出，硫醇和无机磷含量均在营养剂处理 22 周时达到最大值，而此时胶乳产量也为最高值，暗示了硫醇和无机磷含量的增加可能促进了胶乳产量的增加，硫醇和无机磷含量的变化和胶乳产量的变化呈正相关；蔗糖含量在恢复处理 16 周和 22 周时均显著增加，暗示了死皮康复综合技术促进死皮恢复产胶过程中用于合成橡胶的前体不断增加，胶乳的合成和再生能力不断增强（黄德宝等，2010），相应的胶乳产量也在不断增加（胶乳产量和蔗糖含量的变化趋势一致），蔗糖含量的变化与胶乳产量的变化也呈正相关。

活性氧清除系统在死皮树恢复产排胶过程中的变化还没有见报道。本研究结果显示，死皮康复综合技术处理死皮树恢复产排胶过程中，SOD、APX 和 GPX 活性（T/C）没有明显变化，CAT 活性在割面表现内缩症状时显著上升，死皮发生后则显著下降至与恢复处理前相当的水平。植物 POD 参与多种生物学过程，例如盐胁迫、生长素代谢、木质素以及活性氧代谢等（Quiroga et al.，2000；Kawaoka et al.，2003；Passardi et al.，2005；Bindschedler et al.，2006）。在橡胶树中，光强度的增加和干旱胁迫可导致活性氧含量和 POD 活性提高（Wang et al.，2014a，2014b）。在本研究中，POD 活性在诱导死皮发生和促进死皮恢复过程中的变化趋势正好相反，诱发死皮后 POD 活性显著上升，而在死皮树恢复产排胶后显著下降，暗示了 POD 在调节死皮发生和恢复过程中具有重要功能。

四、本章小结

自然死皮发生、乙烯利诱导死皮发生前期以及乙烯利诱导死皮发生发展 3

个过程中，胶乳产量总体均下降，而黄色体破裂指数总体均上升，这两个生理指标在这 3 个死皮发生过程中的变化趋势基本一致（表 7-1）。无论是自然死皮树还是强乙烯利刺激诱导产生的死皮树恢复过程中，胶乳产量显著上升，黄色体破裂指数显著下降，胶乳产量和黄色体破裂指数在这两种死皮恢复过程中的变化趋势一致，且与死皮发生 3 个过程呈相反的变化。强乙烯利刺激诱导死皮发生前期和死皮发生发展两个过程中，胶乳产量均呈先升后降的趋势，强乙烯利刺激后胶乳产量先升高可能是由于乙烯利刺激延长了排胶时间、促进了胶乳的合成和再生，从而增加了胶乳产量所致。但随着高浓度乙烯利的进一步刺激，其负面作用显现，死皮发生及死皮等级增大后，胶乳的合成和再生受到明显抑制，从而导致胶乳产量下降。同时，死皮发生过程中黄色体破裂指数显著增加，黄色体稳定性下降，进而导致胶乳凝固，最终停止排胶。乙烯利刺激早期，割线出现内缩症状时，黄色体破裂指数下降可能是因为乙烯利刺激前期黄色体的稳定性提高，进而增加了胶乳产量。

除胶乳产量和黄色体破裂指数外，与橡胶树死皮发生和恢复密切相关的两个生理指标为硫醇和无机磷含量。硫醇作为乳管细胞有毒氧的清除剂来保护乳管细胞免受有毒氧的伤害，无机磷为乳管细胞能量代谢强弱的重要指标。自然死皮发生过程中二者均显著下降，而自然死皮树恢复过程中二者显著上升（表 7-1），这种相反的变化反映了自然死皮发生过程中乳管系统对有毒氧的清除能力下降，胶乳代谢能力减弱，而在死皮康复综合技术处理死皮树恢复产胶过程中，硫醇和无机磷含量的增加提高了乳管系统对有毒氧的清除能力，乳管系统能量代谢增强，从而增加了胶乳产量。强乙烯利刺激诱导死皮发生前期及发生发展过程中硫醇和无机磷的变化趋势与强乙烯利刺激诱导产生的死皮树恢复过程中的变化趋势相反（表 7-1）。

乙烯利过度刺激能显著提高橡胶树的胶乳产量，但会快速诱发死皮，最终导致产量下降。在天然橡胶生产中，应严格控制乙烯利刺激浓度，避免诱发死皮和因此变利为害。在乙烯利过度刺激采胶诱导橡胶树死皮的发生发展过程中，大量水分、无机磷和抗氧化剂硫醇随胶乳流出，导致树体养分亏缺及黄色体破裂，堵塞乳管，排胶受阻，表现出死皮症状。黄色体破裂与乙烯利过度刺激诱发的死皮直接相关。在死皮发生发展过程中，胶乳的橡胶粒子粒径分布向小粒径方向逐步偏移，峰值和平均粒径逐渐减小，减少了橡胶生物合成和贮存的空间，导致胶乳产量随死皮加重而越来越低。在强乙烯利刺激诱导橡胶树死皮发生过程中，SOD、APX、GPX 和 POD 活性均发生显著变化，表明这些酶均受乙烯利调节；在死皮康复综合技术促进死皮恢复过程中，CAT 和 POD 活性发生显著变化，表明这两个酶均受死皮康营养剂调节。这些结果暗示了活性氧清除系统在橡胶树死皮发生和恢复过程中发挥重要作用，与橡胶树死皮密切相关。

乙烯利诱导死皮发生过程中的生理研究增进了对乙烯利过度刺激诱发橡胶树死皮的生理机制认识，为更好利用乙烯利刺激增产及采取有效措施预防死皮发生提供了一定的理论依据。同时，死皮康复综合技术促进死皮恢复过程中的生理研究为阐明死皮恢复的生理机制奠定了理论基础，也为进一步开发新型死皮防治剂以及优化现有死皮康复综合技术提供了科学依据。

表7-1 不同处理下死皮发生和恢复过程中胶乳各生理指标的变化特征比较

生理指标	总体变化特征				
	死皮发生			死皮恢复	
	自然死皮发生（不同死皮程度）	乙烯利诱导死皮发生前期	乙烯利诱导死皮发生发展	自然死皮树的恢复	乙烯利诱导产生死皮树的恢复
胶乳产量	显著下降	先升后降（降）	先升后降（降）	显著上升	显著上升
干胶含量	显著上升	先升后降（降）	先降后升（无）	显著下降	先升后降（降）
硫醇	显著下降	先升后降（升）	先升后降（无）	显著上升	先降后升（升）
无机磷	显著下降	先升后降（升）	先升后降（无）	显著上升	先降后升（升）
黄色体破裂指数	显著上升	先降后升（升）	显著上升	显著下降	显著下降
蔗糖	显著上升	先升后降（升）		下降	显著上升
蔗糖转化酶				显著上升	
橡胶粒子平均粒径			显著下降		
pH	显著下降	先升后降（降）	上升	显著上升	显著上升
粗酶液蛋白	无明显差异	先升后降（降）			无明显差异
总固形物含量			先降后升（无）	显著下降	
Mg 离子含量	显著上升				
CAT		无明显变化			先升后降（无）
SOD		先升后降（降）			无明显变化
APX		先升后降（降）			无明显变化
GPX		先升后降（降）			无明显变化
POD		显著上升			显著下降

注：括号中文字代表最后阶段与处理前相比的变化，"无"表示无明显改变，"降"表示下降，"升"表示上升。

第八章　橡胶树死皮发生的分子机制解析

一、橡胶树死皮发生的 lncRNA-miRNA-mRNA 调控网络解析

为揭示橡胶树死皮发生的分子机制，研究者先后采用抑制性消减杂交、oligo 芯片、转录组测序等多种技术鉴定了橡胶树死皮发生相关基因（Li et al.，2010；Li et al.，2016；Liu et al.，2015；Montoro et al.，2018；覃碧等，2012；Venkatachalam et al.，2007）。这些研究发现了成千上万个死皮相关基因，并提出了一些可能在死皮发生中发挥重要作用的途径，包括细胞程序性死亡、橡胶生物合成、泛素蛋白酶体、乙烯和茉莉酸信号途径等。除基因外，microRNA（miRNA）介导的转录后调控也参与了死皮发生调控。Gébelin 等（2013）研究发现，与健康植株的胶乳相比，死皮植株胶乳中小 RNA 的长度分布发生改变，且所有 miRNAs 的表达丰度降低。Gébelin 等（2013）仅研究了健康与死皮植株胶乳中 miRNAs 的差异，而二者树皮组织间 miRNAs 的变化还不清楚。miRNA 作为一种重要的内源性非编码 RNA，能通过降解或翻译抑制负调节靶基因的表达（Bartel，2004；Song et al.，2019），在植物次生生长、木质素生物合成，以及生物和非生物胁迫反应等生物过程中发挥重要作用（Hou et al.，2020；Cui et al.，2020；Wang et al.，2020）。明确健康与死皮植株树皮组织中 miRNA 表达谱的变化将有助于橡胶树死皮分子机制的解析。

长链非编码 RNA（lncRNA）是另一种非常重要的非编码 RNA，其通过与不同分子一起调控转录、翻译或表观遗传修饰来调节目标基因的表达（Yu et al.，2019）。虽然目前对 lncRNAs 的生物学功能知之甚少，但越来越多的研究表明，lncRNAs 是多种生物学进程的关键调节因子，包括花青素生物合成（Yang et al.，2019）、果实成熟（Tang et al.，2021）、免疫（Jiang et al.，2020）、非生物胁迫应答（Kindgren et al.，2018）等。目前，已对许多植物的 lncRNAs 进行了系统研究，如拟南芥（Zhao et al.，2018）、水稻（Yu et al.，2020b）、棉花（Zhang et al.，2018）、杨树等（Lu et al.，2019）。但目前尚无有关橡胶树 lncRNA 的研究。

越来越多的研究表明，lncRNAs、miRNAs 和 mRNAs 之间存在复杂的调控网络（Lu et al.，2019；Yang et al.，2019；Yu et al.，2019）。系统鉴定

分析死皮相关的 lncRNAs、miRNAs、mRNAs 及其相互作用网络，将有助于深入解析橡胶树死皮发生的调控机制。为此，我们采用全转录组和小 RNA 测序比较分析了健康植株树皮（HB）与死皮植株树皮（TB）间的差异表达基因（DEGs）、miRNAs（DEMs）和 lncRNAs（DELs），并构建了它们之间的相互作用网络。

1. 主要研究方法 以树龄 16 年的热研 7-33-97 橡胶树为试材，通过跟踪调查割胶后割线的症状选择健康和死皮（割线死皮长度约占割线总长的 70%左右）植株，割胶时，采集树皮组织，液氮冻存。参照 Tang 等（2010）的方法提取样本总 RNA，并检测总 RNA 质量浓度。总 RNA 检测合格后，分别构建小 RNA 文库和全转录组文库，并进行测序。小 RNA 测序结果中已知 miR-NAs 的鉴定采用 miRbase（Release 22）（Griffiths-Jones et al.，2006）和 PNRD（Yi et al.，2015）数据库。新 miRNAs 的鉴定采用 Mireap v0.2software（https://sourceforge.net/projects/mireap/）。全转录组数据中 lncRNAs 的预测采用 CNCI（Coding-Non-Coding Index）和 CPC（Coding Potential Calculator）软件（Kong et al.，2007；Sun et al.，2013）。死皮与健康植株树皮间 DEGs、DEMs 和 DELs 的鉴定采用 DESeq2 软件（Love et al.，2014），差异筛选的标准为 $|\log_2 (\text{fold change})| \geqslant 1$ 和 $P < 0.05$。

DEMs 靶基因的预测采用 PatMatch software（Version 1.2）（Yan et al.，2005）。DELs 的 *cis*-和 *trans*-靶基因预测参照 Wu 等（2019）的方法。DELs 的 antisense 分析（反义 lncRNA 与 mRNA 之间的互补配对关系）采用 RNA-plex 软件（Tafer and Hofacker，2008）。为鉴定可作为 DEMs 前体的 DELs，将 DELs 序列在 miRbase 数据库中进行比对分析（Griffiths-Jones et al.，2006），序列一致性在 90%以上的被视为 miRNA 的前体。此外，采用 miR-Para（Wu et al.，2011）软件预测了可作为 DEMs 前体的 DELs。采用 psR-NATarget（Dai et al.，2018）预测可作为 DEMs 靶标的 DELs。参照 Wu 等（2013）的方法，采用 TAPIR（http://bioinformatics.psb.ugent.be/webtools/tapir/）（Bonnet et al.，2010）预测可作为 DEMs 的 eTMs（endogenous target mimics）的 DELs。基于 DELs、DEMs 和 DEGs 之间的互作关系，采用 Cytoscape（v3.8.0）构建 DEL-DEM-DEG 调控网络图。DEGs、DELs 靶基因以及 DEMs 靶基因的 GO（Gene Ontology）和 KEGG（Kyoto Encyclopedia of Genes and Genomes）途径富集分析采用 OmicShare tools（http://www.omicshare.com/tools）。橡胶生物合成途径相关 DEGs、DELs 和 DEMs 表达的验证采用实时荧光定量 PCR（qPCR）。DEGs 表达的验证采用 Prime-Script™ RT reagent Kit with gDNA Eraser（Perfect Real Time）反转录合成第一链 cDNA，参照 TB Green® Premix Ex Taq™ II（Tli RNaseH Plus）的说

明书进行 qPCR。DELs 表达验证采用 lnRcute lncRNA cDNA 第一链合成试剂盒（去基因组）反转录合成 lncRNA 第一链 cDNA，参照 lnRcute lncRNA 荧光定量检测试剂盒（SYBR Green）的说明书进行 qPCR。DEMs 表达验证采用 miRcute 增强型 miRNA cDNA 第一链合成试剂盒反转录合成 miRNA 第一链 cDNA，参照 miRcute 增强型 miRNA 荧光定量检测试剂盒（SYBR Green）的说明书进行 qPCR。相对表达量的计算参照 Pfaffl（2001）的方法。

2. 差异表达 lncRNA（DELs）的鉴定及其靶基因分析 为了鉴定橡胶树树皮 lncRNAs，构建了 6 个全转录 cDNA 文库，3 个源于健康植株树皮组织：HB-1、HB-2、HB-3，3 个源于死皮植株树皮组织：TB-1、TB-2 和 TB-3。从 HB 和 TB 分别获得 242 122 510 和 260 018 214 条原始测序序列（raw reads），去除接头、低质量等序列后，分别获得 241 338 992 和 258 935 290 条有效序列（clean reads）。通过生物信息学分析，从橡胶树树皮组织中鉴定到 7 763 个新的 lncRNAs（图 8-1A）。根据它们在基因组的位置，这些 lncRNAs 中 3 247 个属于基因间型、1 283 个属于内含子型、251 个属于双向型、334 个属于正向型、1 509 个属于反向型、1 139 个属于其他（图 8-1B）。lncRNAs 的长度范围从 201 到 15 535 bp，大部分（95.4%）的 lncRNAs 的长度小于 1 000 bp，只有 1.3% 的 lncRNAs 长度大于 2 000 bp（图 8-1C）。大部分（78.0%）的 lncRNAs 只含有一个外显子，只有 1.8% 的 lncRNAs 含有超过 3 个外显子（图 8-1D）。

同 HB 相比，263 个 lncRNAs 在 TB 中的表达发生了显著变化，其中 90 个上调，173 个下调（图 8-2）。为明确这些 DELs 的功能，预测分析了这些 DELs 的反义、*cis*-和 *trans*-靶基因，共预测到受 199 个 DELs 调控的 587 个假定靶基因，包括 39 个反义靶基因、374 个顺式靶基因、177 个反式靶基因，其中 3 个有重叠。GO 富集分析显示，DELs 靶基因富集于 37 个 GO terms，包括 18 个生物过程、12 个细胞组分和 7 个分子功能。在生物过程类别中，metabolic process、cellular process 和 single-organism process 项基因富集最多；在细胞组分类别中，cell 和 cell part 项基因富集最多；在分子功能类别中，基因富集最多的前两项是 catalytic activity 和 binding（图 8-3）。KEGG 途径富集分析表明，DELs 靶基因涉及 86 条途径。值得注意的是，这些靶基因主要富集在代谢途径、次级代谢物的生物合成、碳代谢、核糖体和植物激素信号转导。

3. 差异表达 miRNAs（DEMs）的鉴定及其靶基因分析 为了鉴定橡胶树树皮 miRNAs，构建了 6 个小 RNA 文库，3 个源于健康植株树皮组织，3 个源于死皮植株树皮组织。小 RNA 测序共获得 91 271 972 条原始测序序列（raw reads），去除接头、低质量等序列后，6 个文库分别获得 12 669 835、10 627 299、12 489 309、14 555 018、14 438 860 和 12 790 904 条有效序列（clean

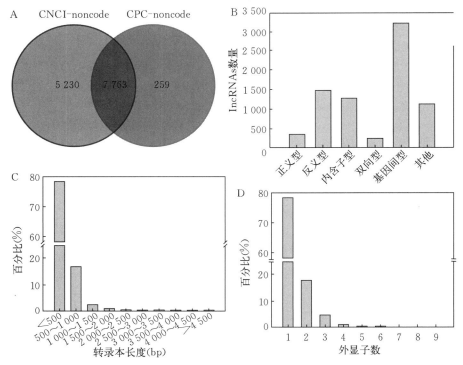

图 8-1　橡胶树树皮组织中 lncRNAs 的鉴定及其特征

A. 韦恩图示意 CPC 和 CNCI 鉴定的 lncRNAs 数量　B. 鉴定 lncRNAs 的分类　C. 鉴定 lncR-NAs 的长度分布　D. 鉴定 lncRNAs 的外显子数目

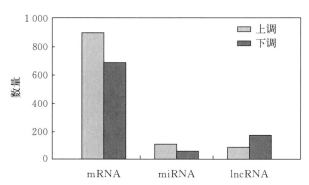

图 8-2　TB 与 HB 相比差异表达的 mRNA、miRNA 和 lncRNA 数量

reads)。绝大多数（约 80%）的小 RNA 的长度分布在 20～24 nt，其中 24 nt 小 RNA 占比最高，其次是 21 nt 小 RNA。同健康植株相比，死皮植株树皮组织小 RNA 的长度分布发生了显著变化，24 nt 小 RNA 占比明显增加，而 18～20 nt 小 RNA 占比明显降低（图 8-4）。

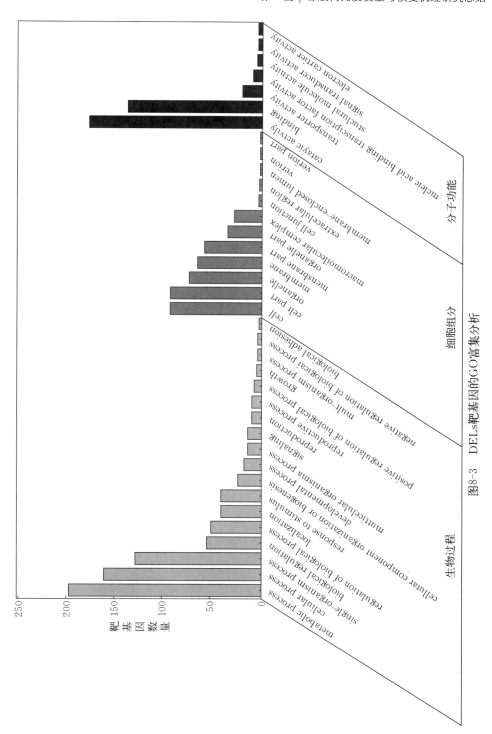

图8-3 DELs靶基因的GO富集分析

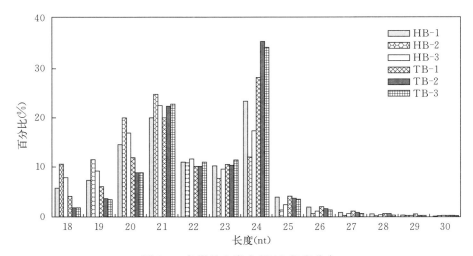

图 8-4　各样品文库小 RNA 长度分布

通过生物信息学分析，从橡胶树树皮组织中鉴定到 3 441 个 miRNAs，包括 1 949 个已知 miRNAs 和 1 492 个新 miRNAs。这些 miRNAs 的长度介于 18～26 nt，其中已知 miRNAs 中超过一半（55.6%）的长度为 18 nt，而新 miRNAs 中23 nt 的占比最高，

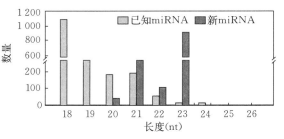

图 8-5　所鉴定的 miRNAs 的长度分布

达（61.4%）（图 8-5）。对所鉴定 miRNAs 的第一位核苷酸偏好性的分析表明，尿嘧啶（U）是第一个位置上最多的核苷酸，占 87.5%，这与已报道的 miRNA 5′端第一个碱基对 U 有强烈的倾向性一致（Mi et al.，2008；Yu et al.，2020a）。

同 HB 相比，174 个 miRNAs 在 TB 中的表达发生了显著变化，其中 95 个上调，79 个下调（图 8-2）。为明确这些 DEMs 的功能，预测分析了受其调控的靶基因，共预测到受 142 个 DEMs 调控的 4 054 个靶基因。GO 富集分析显示，DEMs 靶基因富集于 46 个 GO terms，包括 22 个生物过程、13 个细胞组分和 11 个分子功能。在生物过程类别中，metabolic process（1 539 个基因）、cellular process（1 403 个基因）和 single-organism process（1 091 个基因）项基因富集最多；在细胞组分类别中，cell、cell part 和 organelle 项基因富集最多，分别有 769、769 和 604 个基因；在分子功能类别中，约 87.8% 的基因富集于 catalytic activity 和 binding（图 8-6）。KEGG 途径富集分析表明，*DEMs* 靶基因涉及 119 条途径。值得注意的是，这些靶基因主要富集在代谢途径、次级代谢物的生物合成、植物病原互作、植物激素信号转导和剪切体。

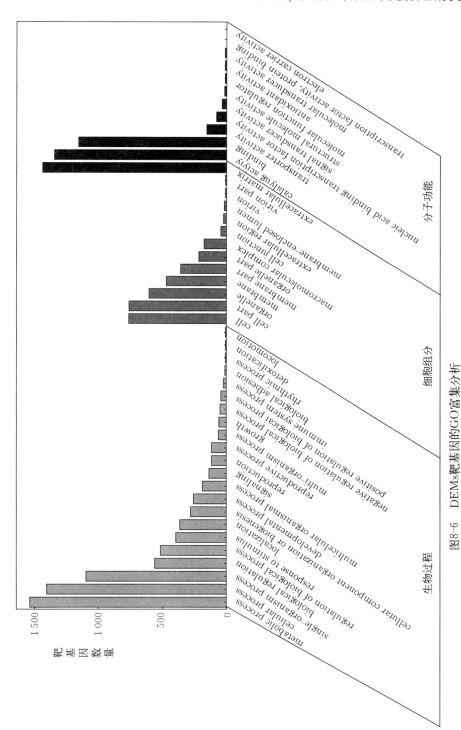

图8-6　DEMs靶基因的GO富集分析

4. 差异表达基因（DEGs）的鉴定分析 同 HB 相比，1 574 个基因在 TB 中的表达发生了显著变化，其中 907 个上调，690 个下调（图 8-2）。GO 富集分析显示，DEGs 富集于 21 个生物过程、13 个细胞组分和 10 个分子功能。在生物过程类别中，metabolic process、cellular process 和 single-organism process 项基因富集最多；在细胞组分类别中，DEGs 主要富集于 cell、cell part、organelle membrane 和 membrane part；在分子功能类别中，DEGs 主要富集于 catalytic activity 和 binding（图 8-7）。KEGG 途径富集分析表明，DEGs 涉及 121 条途径。其中，代谢途径、次级代谢物的生物合成和植物激素信号转导是前 3 个基因数量最多的显著（$P < 0.05$）富集途径（图 8-8）。

5. 死皮发生的 DEL-DEM-DEG 调控网络 在 DELs 的靶基因中，有 190 个与 DEGs 重叠。2 个 DELs 被预测为 2 个 DEMs 的前体，44 个 DELs 被预测为 13 个 DEMs 的靶标，44 个 DELs 被预测为 6 个 DEMs 的 eTMs。此外，98 个 DEGs 被预测为 45 个 DEMs 的靶基因，且二者之间的表达呈负相关。基于以上 DEL-DEG、DEM-DEL 和 DEM-DEG 之间的关系，构建了橡胶树死皮发生的 DEL-DEM-DEG 调控网络（图 8-9）。该网络包含 292 个节点和 490 条边，其中节点包括 66 个 DELs、21 个 DEMs 和 205 个 DEGs。网络中，13 个 DELs、3 个 DEMs 和 2 个 DEGs 的节点度数大于 10，包括 MSTRG. 3101. 1、 MSTRG. 10711. 1、 MSTRG. 3239. 1、 MSTRG. 3403. 1、 MSTRG. 36655. 3、 MSTRG. 9440. 1、 MSTRG. 22237. 1、 MSTRG. 16461. 1、 MSTRG. 17377. 1、 MSTRG. 4832. 1、 MSTRG. 1574. 1、 MSTRG. 2168. 1、 MSTRG. 11900. 1、 miR845-z ＿ p、miR5658-x、miR414-x、scaffold0911 ＿ 275883 和 scaffold1362 ＿ 2971。这些 DELs、DEMs 和 DEGs 可能在橡胶树死皮发生中起着关键作用。

为进一步明确 DEL-DEM-DEG 网络潜在的生物学功能，对网络中的 DEGs 进行了 GO 和 KEGG 途径富集分析。GO 富集分析表明，网络中的 DEGs 涉及 31 GO terms，包括 17 个生物过程、9 个细胞组分和 5 个分子功能，其中，metabolic process 是富集 DEGs 最多的 GO term（图 8-10）。KEGG 途径富集分析表明，网络中的 DEGs 富集于 59 个途径。值得注意的是，代谢途径、次生代谢物的生物合成、植物激素信号转导和苯丙素类生物合成是富集 DEGs 较多的途径（图 8-11）。

6. 与橡胶生物合成相关的 DEL-DEM-DEG 网络 为了探究死皮橡胶树中橡胶生物合成的变化，我们重点分析了与橡胶生物合成途径相关的 DEGs、DEMs 和 DELs。分析发现，8 个橡胶生物合成途径的基因在健康与死皮树皮间差异表达，包括 *ACAT1*（scaffold0992 ＿ 72818）、*CMK2*（scaffold0056 ＿ 758288）、*HDS1*（scaffold0574 ＿ 711906）、*SRPP1*（scaffold1222 ＿ 60641）、

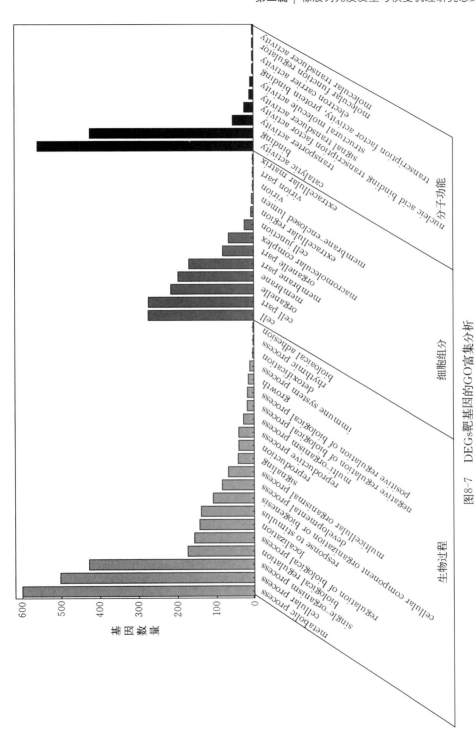

图8-7 DEGs靶基因的GO富集分析

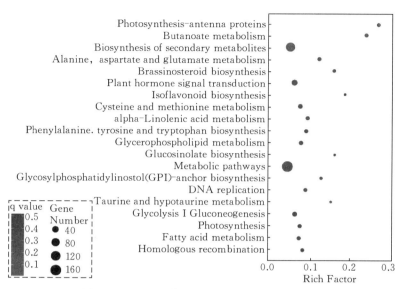

图 8-8　DEGs 显著富集的前 20 个 KEGG 途径

REF1（scaffold1222 _ 136753）、*REF3*（scaffold1222 _ 100110）、*REF8*（scaffold1222 _ 175215）和 *CPT3*（scaffold0765 _ 349768）（图 8-12A）。同 HB 相比，这些基因中只有 *ACAT1* 和 *CPT3* 在 TB 中上调表达，其他均下调表达。miR4355-y 也在 TB 中上调表达，该 miRNA 的靶基因为 *CMK2*，其表达与 miR4355-y 负相关，符合 miRNA 与靶基因间具有负调控的关系。此外，8 个调节橡胶生物合成途径基因的 lncRNAs 在 TB 中下调表达，包括 MSTRG.3403.1、MSTRG.3101.1、MSTRG.22237.1、MSTRG.3239.1、MSTRG.9440.1、MSTRG.4832.1、MSTRG.20208.1 和 MSTRG.17377.1。有趣的是，它们主要调节 *REF1*、*REF3* 和/或 *SR-PP1* 这三个基因。为确认 RNA-seq 的结果，采用 qPCR 检测了上述 DEGs、DEM 和 DELs 在 HB 和 TB 中的表达。如图 8-12B 所示，除 *ACAT1* 外，其他成员采用 qPCR 检测的结果基本与 RNA-seq 结果一致。RNA-seq 分析显示，*ACAT1* 在 TB 中上调表达，而两次 qPCR 的结果均显示该基因在 TB 中表达下调。我们推测 *ACAT1* 的表达 TB 中被抑制。总体来说，这些结果表明，TB 中橡胶生物合成受到抑制。

7. 小结　橡胶树死皮是一种复杂的生理综合征，涉及复杂的转录和转录后调控。但对调控死皮发生的非编码 RNA，尤其是 lncRNA 知之甚少。近年来，lncRNA 作为一种调控分子已成为一个新的研究热点。越来越多的研究表明，lncRNA 在许多生物过程中发挥着重要的调控作用。lncRNA、miRNA 和基因通过复杂的相互作用关系共同调控着生物过程。系统鉴定死皮相关的 ln-

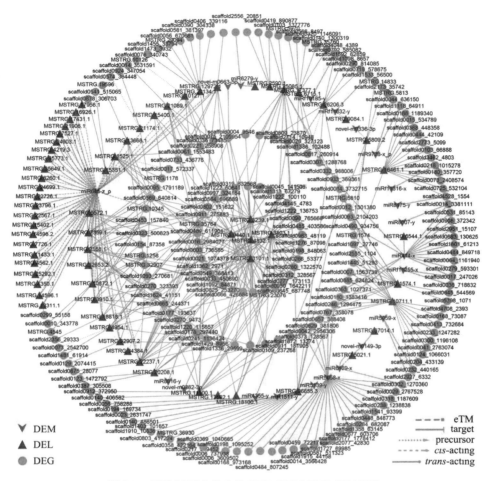

图 8-9 橡胶树死皮发生的 DEL-DEM-DEG 调控网络

cRNA、miRNA 和基因，并构建它们之间的调控网络，将有助于揭示死皮的分子机制。本研究通过全转录组和小 RNA 测序，从橡胶树树皮组织中鉴定了 7 763 个 lncRNAs 和 3 441 个 miRNAs，通过进一步的表达差异分析，我们在死皮与健康植株树皮组织间鉴定了 263 个 DELs、174 个 DEMs 和 1 574 个 DEGs，并构建了它们之间的调控网络。我们的结果表明，橡胶树死皮发生由 lncRNA、miRNA 和基因形成复杂的网络共同调控，为进一步解析橡胶树死皮发生的分子机制及其调控网络奠定了基础。

GO 富集分析显示，死皮与健康树皮间差异表达的基因主要富集于 metabolic process、cellular process、single-organism process、catalytic activity

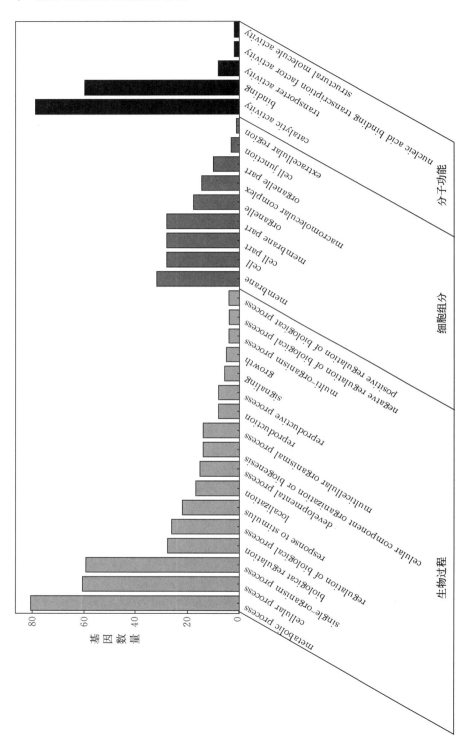

图8-10 DEL-DEM-DEG网络中DEGs的GO富集分析

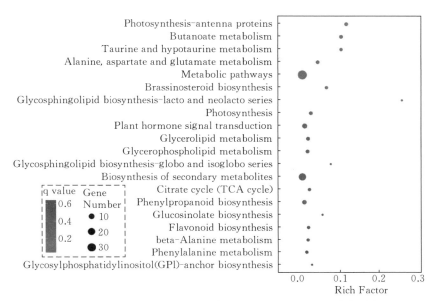

图 8-11　DEL-DEM-DEG 网络中 DEGs 的 KEGG 途径富集分析

and binding、cell 和 cell part 等。该结果与 Liu 等（2015）的分析结果基本一致。除 single-organism process 外，其他 GO 项也是 Li 等（2016）研究中主要富集的 GO 项。此外，DEMs 或 DELs 的靶基因也主要富集于 metabolic process、cellular process、single-organism process、catalytic activity and binding、cell 和 cell part。这些 GO 项可能在死皮发生中起着重要作用。KEGG 途径富集分析表明，DEGs 显著富集的前 3 个途径为代谢途径、次生代谢物的生物合成和植物激素信号转导。该结果与 Liu 等（2015）的结果一致，略不同于 Li 等（2016）的研究结果。在 Li 等（2016）的研究结果中，显著富集的途径无植物激素信号转导，取而代之的是植物-病原菌互作途径。而我们的结果表明植物-病原菌互作途径是第四大富集的途径。Montoro 等（2018）通过对死皮与健康植株胶乳的转录组分析也发现激素信号途径在死皮发生中起着重要作用。此外，DEMs 或 DELs 的靶基因也主要富集于代谢途径、次生代谢物的生物合成和植物激素信号转导途径。综上所述，我们认为上述 3 个途径在橡胶树死皮发生中起着关键作用。

通过构建橡胶树死皮发生的 DEL-DEM-DEG 调控网络，发现了 18 个网络中的关键节点分子，包括 13 个 DELs、3 个 DEMs 和 2 个 DEGs，它们可能是调控死皮发生的关键分子。DEGs 中，scaffold0911_275883 在死皮植株中显著下调（-8.9），其编码一与 LBD38 相似的 LBD（lateral organ boundaries

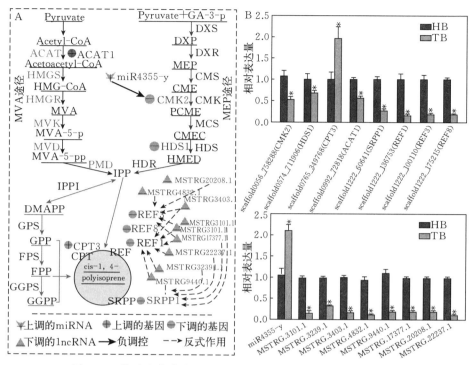

图 8-12　橡胶生物合成相关 DEGs、DEMs 和 DELs 的表达变化

A. RNA-seq 结果　B. qPCR 结果

注：＊表示死皮（TB）与健康植株树皮（HB）间差异显著（$P < 0.05$，Student's test）。

domain）蛋白。研究表明，超量表达 *OsLBD38* 能增加水稻的产量（Li et al.，2017）。死皮植株中，该基因的下调可能会降低胶乳产量。另一关键 DEG scaffold1362 _ 2971 也在死皮植株中显著下调，其编码油菜素内酯（BR）生物合成途径中的细胞色素 P450 CYP90A1（Ohnishi et al.，2012）。BR 在调控植物生长发育尤其是维管发育中发挥重要作用（Lee et al.，2021；Tong and Chu，2018）。死皮植株中 scaffold1362 _ 2971 的下调，可能通过 BR 影响乳管分化。3 个关键 miRNAs（miR414-x、miR5658-x 和 miR845-z _ p）的表达均在死皮植株中显著下调。Wang 等（2018a）的研究表明，miR414 和 miR5658 是盐生柽柳耐盐调控网络中的关键节点 miRNAs。miR414 还是小立碗藓干旱调控网络中的一个关键节点 miRNA（Wan et al.，2011）。此外，miR845 也被报道受干旱胁迫和病原侵染的调控（Zhou et al.，2010；Wu et al.，2014）。死皮植株中这 3 个关键 miRNAs 的下调表达可能会降低植株对环境改变的适应性。网络中 13 个关键 DELs 能调节 110 个 DEGs（包括 2 个关键节点 DEGs），KEGG 途径富集分析表明，这些靶 DEGs 主要富集于代谢途径和次生代谢物的生物合成。尽管分析表明这些关键节点分子可能在橡胶树死皮发生中起着重要作用，但还需进一步的实验验证它们的具体生物学功能。

KEGG 途径富集分析表明，DEGs、DEMs 和 DELs 的靶基因在次生代谢物的生物合成途径富集较多。天然橡胶是橡胶树的次生代谢产物，其生物合成的前体为异戊烯基焦磷酸（IPP）。橡胶树 IPP 由两条途径合成：甲羟戊酸（MVA）途径和甲基赤藓糖醇磷酸（MEP）途径（Tang et al.，2016）。本书中我们发现橡胶生物合成途径中的 8 个基因和 8 个 lncRNAs 在死皮与健康树皮间差异表达，且大多数在死皮树皮中下调表达。与我们的结果相似，Liu 等（2015）也发现大部分与橡胶生物合成相关的 DEGs 在死皮树皮中下调表达。REF/SRPP 是天然橡胶生物合成必需的（Liu et al.，2020；Tang et al.，2016）。我们发现 4 个 REF/SRPP 基因（*REF1*、*REF3*、*REF8* 和 *SRPP1*）及 8 个靶向这 4 个 REF/SRPP 基因的 lncRNAs 在死皮树皮中的表达被显著抑制。以上结果表明，天橡橡胶生物合成途径在死皮橡胶树树皮组织被明显抑制。

激素在植物各种生物学进程中起着重要作用。已有研究表明，茉莉酸（JA）和乙烯（ET）生物合成与信号途径受死皮的影响（Liu et al.，2015；Montoro et al.，2018；Putranto et al.，2015）。我们的结果表明，许多 DEGs、DEMs 与 DELs 的靶基因富集于植物激素信号转导途径。除 JA 和 ET 途径外，脱落酸（ABA）和生长素生物合成与信号途径同样在橡胶树死皮发生中发挥重要作用。根据途径基因的表达变化，我们推测 ABA 和生长素信号途径在死皮橡胶树树皮中被抑制。

二、橡胶树死皮相关蛋白的鉴定

鉴定橡胶树死皮相关蛋白，从蛋白质组学角度揭示死皮发生机制具有重要的理论意义。橡胶树胶乳经高速离心后分成三层，分别为 C-乳清、黄色体和橡胶粒子。橡胶树胶乳蛋白占胶乳鲜重的 1%～2%，大约 70% 胶乳蛋白是可溶性的，其余是膜结合蛋白。胶乳 C-乳清是胶乳高速离心后中间的液相部分，其中的蛋白质是可溶性蛋白，橡胶树生理活动的一些基本酶类如糖酵解相关酶类存在其中，橡胶合成的关键酶 3-羟基-3-甲基戊二酰单酰辅酶 A 合成酶（HMGS）大部分也存于 C-乳清中（Suvachittanont and Wititsuwannakul，1995）。Sookmark 等（2002）研究健康树与死皮树胶乳蛋白差异时，通过对胶乳可溶性蛋白进行双向电泳分离，找到了 3 个差异表达蛋白。黄色体是橡胶树乳管细胞中与胶乳凝固密切相关的一种特殊的细胞器，它相当于一般植物的液泡，约占胶乳体积的 10%～20%。新鲜胶乳中超过 25%的总可溶性蛋白存在于黄色体内。在黄色体内含有橡胶蛋白（Hevein）、几丁酶/溶菌酶和β-1-3-葡聚糖酶等具有抗病原菌活性的防御性蛋白质，另外还含有 Pi 和 Ca、Mg、Cu 等二价阳离子，这些蛋白质、酶类及二价阳离子调节黄色体内外电势差，维持着黄色体和胶乳的稳定（Cardosa et al.，1994；D'Auzac et al.，1997）。许多研究表明，橡胶树胶乳黄色体与死皮发生具有密切关系。校现周和蔡磊（2003）发现强割或强乙烯刺激可激活黄色体膜上的 NAD（P）H 氧化酶，造成活性氧水平升高，进一步引起黄色体破坏而加速死皮发生。Paranjothy（1980）认为强割易导致乳管内离子不平衡和低的渗透势，从而破坏黄色体触发死皮发生。D'Auzac 等（1989）则认为死皮是由于有毒的过氧化活性与清除活性之间失去平衡引起的黄色体破裂所致。范思伟和杨少琼（1995）观察到在死皮发生过程中，乳管细胞分室化遭到破坏，黄色体破裂指数剧增和抗氧化水平明显下降，胶乳组织蛋白酶活性增强，认为排胶过度导致的死皮本质上是一种局部衰老病害。橡胶粒子是橡胶树乳管细胞中进行橡胶生物合成的一类特殊细胞器，是构成胶乳的主要成分，占胶乳的 30%～45%（Cornish，2001）。橡胶粒子只具有单层生物膜，主要由类脂和蛋白质组成（Cornish et al.，1999；Wood and Cornish，2000）。橡胶延长因子（rubber elongation factor，REF）是橡胶粒子膜上的高丰度蛋白，在所有的橡胶粒子膜蛋白中所占比例最大，占胶乳总蛋白的 10%～60%。目前，关于橡胶粒子膜蛋白的研究只有少数报道。段翠芳等（2006）建立了橡胶粒子膜蛋白的双向电泳体系，并采用质谱方法鉴定了 REF 和橡胶过敏蛋白 Hev 3 等两种典型的橡胶粒子膜蛋白；陈春柳等（2010）采用强乙烯刺激的方法使健康橡胶树产生死皮，分析死皮前后橡胶粒子膜蛋白的变化，发现其中 13 个蛋白差异表达，质谱鉴定出 9 个蛋白，包含一个 DNA 结合蛋白和一个薄荷呋喃合酶，其余均为未知蛋白。

为深入分离鉴定胶乳中与死皮发生密切相关的蛋白，采用双向凝胶电泳、同位素标记相对和绝对定量（Isobaric tags for relative and absolute quantitation，iTRAQ）及质谱技术分析健康树和死皮树中差异表达的蛋白并进行质谱鉴定，探讨这些蛋白在橡胶树死皮发生中的作用，为从蛋白质组学角度阐明橡胶树死皮发生机制奠定理论基础。

1. 主要研究方法 分别采集健康树和死皮树的胶乳，4 ℃、18 000 r/min 离心 2 h 后，胶乳分为三层，上层为橡胶粒子，中间层为 C-乳清，下层为黄色体。胶乳 C-乳清、黄色体、橡胶粒子及全胶乳蛋白质的提取和双向凝胶电泳分别参照周雪梅等（2012a，2012b）和袁坤等（2014b，2012）的方法进行，采用一级质谱（MALDI-TOF MS）鉴定健康和死皮树中差异表达的蛋白；进一步采用 iTRAQ 技术结合 2D LC-MS/MS 和搜索 Uniprot rubber 数据库来分离鉴定健康树和死皮树全胶乳中差异表达蛋白（袁坤等，2014a），蛋白质谱鉴定由北京华大蛋白质研发有限公司完成。

2. 胶乳 C-乳清死皮相关蛋白的鉴定 采用 2-DE 方法，运用 Imagemaster 软件对同一样品的 3 块重复胶进行分析处理后，通过比较健康树和死皮树之间蛋白点的灰度值进行差异表达蛋白的筛选，存在 3 倍以上上调或下调的蛋白点被认为是差异表达的蛋白。同健康树相比，在死皮树胶乳 C-乳清中共有 31 个蛋白点差异表达（图 8-13），其中包括 7 个在死皮树中表达量上调的蛋白点和 24 个表达量下调的蛋白点。将上述 31 个差异表达的蛋白点从凝胶上切取、酶解后进行 MALDI-TOF MS 分析，然后通过 Mascot 软件搜索 NCBI nr 数据库，有 10 个蛋白点得到成功鉴定（得分＞72），包括 7 个在死皮树中下调表达的蛋白和 3 个上调表达的蛋白。其中蛋白点 1、4、5 分别鉴定为泛素类蛋白 Rub1〔Chain A，structure of ubiquitin-like protein（Rub1）〕、一种与微管相关的蛋白（AIR9 protein）和轴丝动力蛋白的一条重链 DNAH11（flagellar inner dynein arm heavy chain 11），蛋白点 8 鉴定为葡聚糖酶（beta-1，3-glucanase），蛋白点 2、3、6、7、9、10 为未知蛋白（表 8-1）。

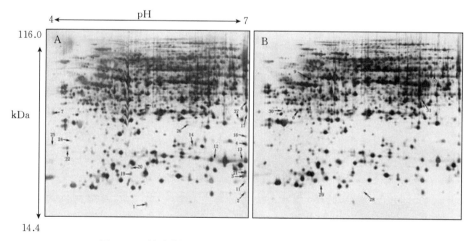

图 8-13 健康树和死皮树胶乳 C-乳清蛋白 2-DE 图谱

注：A、B 分别为健康树和死皮树胶乳 C-乳清蛋白 2-DE 图谱。第一向使用 18 cm pH4-7 IPG 胶条，上样量 200 μg，上样体积 300 μL；第二向 SDS-PAGE 胶浓度为 12.5%，染色采用快速银染法。数字和箭头表示差异表达的蛋白点，且标注在两者比较时丰度相对较高的样品上。

表 8-1 健康和死皮树胶乳 C-乳清差异表达蛋白的质谱鉴定

蛋白点号	蛋白描述	登录号	分子量（kDa）/等电点	得分	覆盖度	物种	表达
1	chain A，structure Of ubiquitin-like protein，Rub1	gi｜6729726	8.5/5.35	107	67	*Arabidopsis thaliana*	－
2	hypothetical protein CHLREDRAFT＿191579	gi｜159475725	40.8/9.45	81	27	*Chlamydomonas reinhardtii*	－
3	hypothetical protein	gi｜302810054	116.5/4.8	72	15	*Selaginella moellendorffii*	－
4	AIR9 protein	gi｜297826937	187.5/6.05	87	11	*Arabidopsis lyrata* subsp. *lyrata*	－
5	flagellar inner dynein arm heavy chain 11	gi｜302835838	373.1/6.17	93	11	*Volvox carteri* f. nagariensis	－
6	predicted protein	gi｜224143790	50.7/8.79	73	30	*Populus tricho-carpa*	＋
7	predicted protein	gi｜224104547	71.2/6.66	78	16	*Populus tricho-carpa*	－
8	beta-1，3-glucanase	gi｜10946499	35.3/9.46	159	50	*Hevea brasiliensis*	－
9	hypothetical protein VITISV＿031028	gi｜147822343	61.1/8.65	87	24	*Vitis vinifera*	＋
10	hypothetical protein SORBIDRAFT＿10 g028950	gi｜242096930	31.6/5.7	72	37	*Sorghum bicol-or*	＋

3. 胶乳黄色体死皮相关蛋白的鉴定 同健康树相比，在死皮树胶乳黄色体中共有 37 个蛋白点差异表达（图 8-14），其中包括 13 个在死皮树中表达量上调的蛋白点和 24 个表达量下调的蛋白点。

将上述 37 个差异表达的蛋白从凝胶上切取、酶解后进行 MALDI-TOF MS 分析，通过 Mascot 软件搜索 NCBI nr 数据库，37 个差异表达蛋白点中，有 11 个蛋白点得到成功鉴定（得分＞72），包括 10 个在死皮树中下调表达的

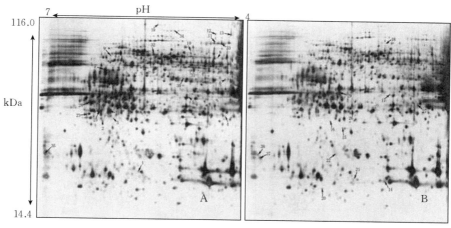

图 8-14　健康树和死皮树胶乳黄色体蛋白 2-DE 图谱

注：A、B 分别为健康树和死皮树胶乳黄色体蛋白 2-DE 图谱。第一向使用 18 cm pH4-7 IPG 胶条，上样量 200 μg，上样体积 300 μL；第二向 SDS-PAGE 胶浓度为 12%，染色采用快速银染法。数字和箭头表示差异表达的蛋白点，且标注在两者比较时丰度相对较高的样品上。

蛋白和 1 个上调表达的蛋白。蛋白点 1、2、4、9 和 10 分别鉴定为光系统 Ⅱ 叶绿体 23 kDa 蛋白、糖基转移酶、ATP 合成酶、依赖辅酶 NADP 的 6-磷酸山梨醇脱氢酶和 VB12 非依赖型蛋氨酸合成酶。蛋白点 3、5、6、7、8 和 11 为功能未知蛋白（表 8-2）。

表 8-2　健康和死皮树胶乳黄色体差异表达蛋白的质谱鉴定

序号	蛋白质名称	登录号	理论分子量/等电点*	得分	覆盖率	物种	表达
1	chloroplast 23 kDa polypeptide of photosystem II	gi | 164375543	29 / 6.09	85	58	*Oryza sativa Japonica Group*	—
2	glycosyltransferase, HGA-like, putative, expressed	gi | 300681530	31 / 4.26	74	26	*Triticum aestivum*	—
3	hypothetical protein OsJ _ 19703	gi | 222632714	74 / 4.35	76	22	*Oryza sativa Japonica Group*	—
4	ATP synthase beta chain	gi | 149798675	75 / 5.99	73	29	*Cryptogramma crispa*	—

（续）

序号	蛋白质名称	登录号	理论分子量/等电点*	得分	覆盖率	物种	表达
5	EMB2746〔Arabidopsis lyrata subsp. lyrata〕	gi｜297793923	21／5.72	77	15	*Arabidopsis lyrata* subsp. *lyrata*	—
6	hypothetical protein SELMODRAFT_444379	gi｜302796659	33／6.14	79	12	*Selaginella moellendorffii*	—
7	conserved hypothetical protein	gi｜255544966	43／5.66	79	46	*Ricinus communis*	—
8	PREDICTED：uncharacterized protein LOC100791352	gi｜356522206	53／4.90	82	18	*Glycine max*	＋
9	NADP-dependent sorbitol-6-phosphate dehydrogenase	gi｜21842196	76／6.86	75	41	*Prunus emarginata*	—
10	vitamin-b12 independent methionine synthase	gi｜224125928	111/5.03	82	21	*Populus trichocarpa*	—
11	conserved hypothetical protein	gi｜255600105	21／6.93	73	40	*Ricinus communis*	—

＊理论分子量和等电点；＋/−表示在死皮树中表达量上调/下调。

4. 胶乳橡胶粒子死皮相关蛋白的鉴定 同健康树相比，在死皮树胶乳橡胶粒子中共有 35 个蛋白点差异表达（图 8-15），其中包括 1 个在死皮树中表达量上调的蛋白点和 34 个表达量下调的蛋白点。将上述 35 个差异表达的蛋白从凝胶上切取、酶解后进行 MALDI-TOF MS 分析，然后通过 Mascot 软件搜索 Uniprot rubber 数据库，在 35 个差异表达蛋白点中，有 13 个蛋白点被成功鉴定，这些蛋白均在死皮树中下调表达。蛋白点 5 和 6 均鉴定为橡胶延长因子蛋白（rubber elongation factor，REF）；蛋白点 7、8 和 9 均鉴定为烯醇酶（Enolase 1）；蛋白点 3 和 10 分别鉴定为谷胱甘肽过氧化物酶（glutathione peroxidase，GPX）和谷胱甘肽还原酶（glutathione reductase，GR）；此外，蛋白点 1、2、4、11、12 和 13 分别鉴定为肌动蛋白、热激蛋白、翻译控制肿瘤蛋白（translationally controlled tumor protein，TCTP）、法尼基焦磷酸合酶（farnesyl-diphosphate synthase，FPS）、ATP 合酶和胶乳丰度蛋白（表 8-3）。

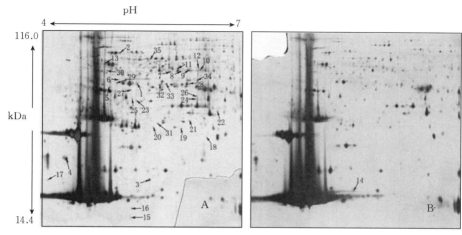

图 8-15　健康树和死皮树胶乳橡胶粒子 2-DE 图谱

注：A、B 分别为健康树和死皮树胶乳橡胶粒子膜蛋白 2-DE 图谱。第一向使用 18 cm pH4-7 IPG 胶条，上样量 200 μg，上样体积 300 μL；第二向 SDS-PAGE 胶浓度为 12%，染色采用快速银染法。数字和箭头表示差异表达的蛋白点，且标注在两者比较时丰度相对较高的样品上。

表 8-3　健康和死皮树胶乳橡胶粒子差异表达蛋白的质谱鉴定

序号	蛋白质名称	登录号	分子量/等电点*	覆盖率	得分	物种分类	表达
1	actin（Fragment）OS	D2XZY7	34.61/5.57	37	50	*Hevea brasiliensis*	—
2	heat-shock protein 70 OS	B2MW33	72.04/5.27	32	93	*Hevea brasiliensis*	—
3	glutathione peroxidase OS	Q8 W2G9	19.81/5.23	31	50	*Hevea brasiliensis*	
4	translationally controlled tumor protein OS	B6DRF6	19.18/4.47	25	58	*Hevea brasiliensis*	
5	rubber elongation factor protein OS	P15252	14.71/5.04	60	62	*Hevea brasiliensis*	
6	rubber elongation factor protein OS	P15252	14.71/5.04	47	44	*Hevea brasiliensis*	—

（续）

序号	蛋白质名称	登录号	分子量/ 等电点*	覆盖率	得 分	物种分类	表达
7	enolase 1 OS	Q9 LEJ0	48.03/5.57	48	160	*Hevea brasiliensis*	—
8	enolase 1 OS	Q9 LEJ0	48.03/5.57	59	232	*Hevea brasiliensis*	—
9	enolase 1 OS	Q9 LEJ0	48.03/5.57	28	81	*Hevea brasiliensis*	—
10	glutathione reductase OS	D5 LPR3	54.05/6.18	22	53	*Hevea brasiliensis*	—
11	farnesyl-diphosphate synthase OS	A9ZN19	39.84/5.63	23	42	*Hevea brasiliensis*	—
12	ATP synthase subunit alpha（Fragment）OS	A1XIU0	46.48/6.21	17	47	*Hevea brasiliensis*	—
13	latex-abundant protein OS	Q9ZSP8	46.44/5.01	33	60	*Hevea brasiliensis*	—

＊理论分子量和等电点；"—"表示在死皮树中表达下调。

5. 全胶乳死皮相关蛋白的鉴定及分析 同健康树相比，在死皮树胶乳中共有 54 个蛋白点差异表达（图 8-16），其中包括 25 个在死皮树中表达量上调的蛋白点和 29 个表达量下调的蛋白点。将上述 54 个差异表达的蛋白从凝胶上切取、酶解后进行 MALDI-TOF MS 分析，然后通过 Mascot 软件搜索 NCBI nr 数据库，有 15 个蛋白点被成功鉴定（得分＞72），包括 9 个在死皮树中表达下调的蛋白点和 6 个上调表达的蛋白点。其中蛋白点 9 和 10 分别鉴定为逆转录转座子蛋白（putative retrotransposon protein）和紫色酸性磷酸酶（purple acid phosphatases，PAP）；蛋白点 18 为动力相关蛋白 DRP（dynamin-related protein）；蛋白点 19 鉴定为烯醇酶（enolase 1）；蛋白点 28 和 32 均为小橡胶粒子蛋白（small rubber particle protein，SRPP）；蛋白点 6 和 23 分别鉴定为微管蛋白（tubulin）和包含 SET 结构域的蛋白（SET domain-containing protein），其余蛋白均为未知蛋白（表 8-4）。

采用 iTRAQ 方法，共筛选到 16 个在死皮树中差异表达的蛋白。通过搜索 Uniprot rubber 数据库，这 16 个蛋白均被成功鉴定，包括 14 个在死皮树中表达下调的蛋白和 2 个上调表达的蛋白。其中蛋白点 1 为 REF 类胁迫相关蛋白（REF-like stress related protein）；蛋白点 2 和 3 均为小橡胶粒子蛋白（SRPP）；蛋白点 4、5、6、7 和 8 分别为半胱氨酸蛋白酶（cysteine protease）、胶乳丰度蛋白（latex-abundant protein）、热激蛋白（heat shock pro-

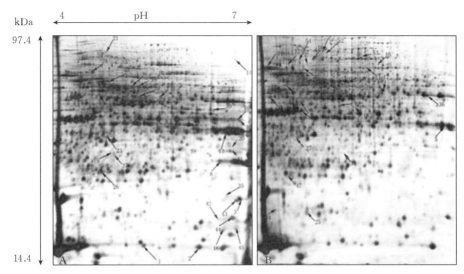

图 8-16 健康树和死皮树胶乳 2-DE 图谱

注：A、B 分别为健康树和死皮树胶乳橡胶粒子膜蛋白 2-DE 图谱。第一向使用 18 cm pH4-7 IPG 胶条，上样量 200 μg，上样体积 300 μL；第二向 SDS-PAGE 胶浓度为 12%，染色采用快速银染法。数字和箭头表示差异表达的蛋白点，且标注在两者比较时丰度相对较高的样品上。

tein)、翻译控制肿瘤蛋白（TCTP）、钙调蛋白（calmodulin）；蛋白点 9 和 15 均为肌动类蛋白 profilin-6 和 profilin-1；蛋白点 11、12、13 和 16 分别为烯醇酶（enolase）、谷氧还蛋白（glutaredoxin）、几丁质酶（hevamine-A）和蛋白酶抑制剂蛋白（protease inhibitor protein）。此外，蛋白点 10 和 14 则是与橡胶生物合成相关的蛋白（表 8-5）。

表 8-4 全胶乳差异表达蛋白的质谱鉴定

编号	蛋白质名称	登录号	分子量/等电点[a]	得分	覆盖率	物种分类	表达[b]
1	predicted protein	gi｜224109654	13.7/ 5.50	73	16	*Populus trichocarpa*	↓
5	glyceraldehyde-3-phosphate dehydrogenase	gi｜262317091	11.5/7.82	99	62	*Manihot alutacea*	↑
6	tubulin beta chain	gi｜1351202	46.4/5.63	218	40	*Glycine max*	↓
7	hypothetical protein	gi｜147816540	101.3/9.46	72	16	*Vitis vinifera*	＋
9	putative retrotransposon protein	gi｜284434538	67.5/5.07	80	24	*Phyllostachys edulis*	＋

（续）

编号	蛋白质名称	登录号	分子量/等电点[a]	得分	覆盖率	物种分类	表达[b]
10	purple acid phosphatase isoform a2	gi｜237847791	61.3/6.21	75	15	*Triticum aestivum*	↓
15	predicted protein	gi｜168068872	75.1/8.21	80	14	*Physcomitrella patens* subsp. *Patens*	+
18	DRP	gi｜51477379	100.0/9.15	94	16	*Cucumis melo*	+
19	enolase 1	gi｜14423688	48.0/5.57	96	27	*Hevea brasiliensis*	↓
23	SET domain-containing protein	gi｜224101881	40.8/5.90	75	33	*Populus trichocarpa*	—
27	unknown protein	gi｜15220924	35.8/8.75	83	29	*Arabidopsis thaliana*	↑
28	small rubber particle protein	gi｜37622210	18.9/8.99	95	45	*Hevea brasiliensis*	↑
30	PREDICTED: hypothetical protein	gi｜225449545	45.8/9.15	72	16	*Vitis vinifera*	—
32	small rubber particle protein	gi｜14423933	22.3/4.80	77	37	*Hevea brasiliensis*	↑
34	unknown protein	gi｜18398247	43.0/5.44	72	23	*Arabidopsis thaliana*	+
35	unknown	gi｜118486823	29.6/8.37	110	38	*Populus trichocarpa*	—

注：a）表示蛋白的理论分子量和等电点；b）表示与健康树相比，该蛋白点在死皮树中的差异表达情况：↑、↓、＋、－分别表示上调、下调、新增加、消失。

表 8-5 iTRAQ 鉴定胶乳死皮相关蛋白

蛋白点号	蛋白登录号	蛋白描述	序列覆盖度（%）	死皮/健康	生物学过程
	上调				
1	O65812	profilin-1	50.38	1.27	actin cytoskeleton organization

（续）

蛋白点号	蛋白登录号	蛋白描述	序列覆盖度（%）	死皮/健康	生物学过程
2	B3FNP9	protease inhibitor protein	42.86	2.35	proteolysis/response to wounding
	下调				
3	Q84T88	REF-like stress related protein 2（RLP2）	81.20	0.50	
4	Q84T87	small rubber particle protein（SRPP）	50.59	0.54	
5	O82803	small rubber particle protein（SRPP）	80.88	0.65	
6	Q155L4	cysteine protease（CP）	7.88	0.40	proteolysis
7	Q9ZSP8	latex-abundant protein	56.12	0.52	proteolysis
8	B2MW33	heat-shock protein 70（HSP70）	12.82	0.66	
9	B6DRF6	translationally controlled tumor protein（TCTP）	17.86	0.70	
10	Q5MGA7	calmodulin	31.08	0.42	
11	Q9LEI8	profilin-6	57.25	0.38	actin cytoskeleton organization
12	B3FNQ1	peptidyl-prolyl cis-trans isomerase	15.12	0.72	protein folding
13	Q9LEJ0	enolase 1	14.83	0.74	glycolysis
14	B3FNP8	glutaredoxin（GRX）	56.07	0.37	cell redox homeostasis
15	P23472	hevamine-A	39.55	0.81	chitin catabolic process
16	A9ZN03	diphosphomevelonate de-carboxylase	14.94	0.81	isoprenoid biosynthetic process

6. 所有鉴定蛋白的功能分类 从胶乳 C-乳清、黄色体、橡胶粒子和全胶乳中共筛选到 157 个差异蛋白，其中 49 个蛋白被成功鉴定，加上从胶乳 iTRAQ 分析鉴定的 16 个差异蛋白，总共鉴定 65 个死皮相关蛋白，53 个蛋白在死皮树中表达下调，12 个蛋白表达上调。对 65 个蛋白做进一步功能分类显示，与胁迫相关的蛋白占 25%，与活性氧相关的蛋白占 6%，与橡胶生物合成相关的蛋白占 14%，其他或功能未知的蛋白占 55%（图 8-17）。其中一些蛋白

可能与橡胶树死皮发生密切相关，如 cysteine protease、heat shock protein、TCTP、glutaredoxin、REF 等。

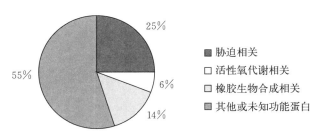

图 8-17 差异蛋白的功能分类

7. 小结 在所鉴定的差异表达蛋白中包括橡胶生物合成相关蛋白，如橡胶延长因子 REF、法尼基焦磷酸合成酶 FPS、小橡胶粒子蛋白 SRPP 等。REF 是一种与橡胶粒子紧密结合的蛋白，在橡胶聚合中发挥重要作用（张福城和陈守才，2006），FPS 催化法尼基焦磷酸（Farnesyl-diphosphate）的合成（段翠芳，等，2004）。SRPP 在胶乳中高度表达，在橡胶生物合成中扮演重要角色（Li et al.，2010；Oh et al.，1999）；甲羟戊酸二磷酸脱羧酶为天然橡胶生物合成甲羟戊酸途径中的关键酶（张福城和陈守才，2006）。这些橡胶生物合成相关蛋白在死皮树中下调表达，可能导致了死皮发生过程中胶乳生物合成受到抑制，从而导致死皮树的胶乳产量下降。

GPX 和 GR 是谷胱甘肽代谢中的重要酶类，与活性氧清除密切相关。Noctor 等（2002）研究发现，植物中的 GPX 非组成型表达，在环境胁迫诱导下才表达；GR 存在于叶绿体、线粒体和细胞质中，是植物谷胱甘肽-抗坏血酸循环中重要的酶类（Potters et al.，2004；Chew et al.，2003），在植物对逆境的适应中起重要作用。宫维嘉等（2006）发现，在盐胁迫下，GR 活性升高，清除活性氧的能力增强。陈军文等（2008）在研究三叶橡胶的抗氧化系统中发现，对其喷施茉莉酸后，GR 活性显著增加。本研究中 GRX 和 GR 在死皮树中的差异表达进一步从蛋白质组学角度证明了活性氧代谢途径可能是死皮发生关键调控途径（Li et al.，2010）。

翻译控制肿瘤蛋白（TCTP）在死皮树中表达下调。许多细胞外信号调节了 TCTP 在转录和翻译水平上的表达，该蛋白参与多种生物学过程，如细胞生长、细胞周期、细胞凋亡等（Bommer and Thiele，2004）。有研究表明，TCTP 的表达抑制增加了人类前列腺癌细胞（Gnanasekar et al.，2009）和肺癌细胞（Rho et al.，2011）的凋亡，因此，该蛋白被认为是细胞凋亡的负调控因子。本研究中，TCTP 在死皮树中表达受到抑制可能诱导了细胞凋亡，导致胶乳生物合成部分或完全停止。此外，热激蛋白被认为与橡胶树死皮相关，该蛋白可能是细胞凋亡的抑制剂（Li et al.，2000；Ravagnan et al.，2001；Beere et al.，2000）。

健康和死皮树差异蛋白质组学的研究结果说明：活性氧代谢、程序性细胞死亡和橡胶生物合成途径可能为橡胶树死皮发生关键调控途径，进一步证实了已有转录组学的研究结果。

三、橡胶树死皮相关基因的克隆及表达分析

（一）死皮相关谷氧还蛋白基因 *HbSRGRX1* 的克隆及表达分析

过度割胶以及乙烯利刺激等均能引起橡胶树死皮的发生（Faridah et al.，1996）。尽管关于橡胶树死皮已开展了大量的研究工作，但其发生机制目前仍不清楚。许多死皮相关基因已被分离鉴定（Chen et al.，2003；Venkatachalam et al.，2007；Li et al.，2010），死皮发生可能与活性氧信号密切相关（Li et al.，2010）。活性氧的过度产生会诱发对脂质、DNA 及蛋白质的损伤，从而导致植物细胞死亡（Apel and Hirt，2004）。植物已进化出多种活性氧清除系统，其中谷氧还蛋白（glutaredoxin，GRX）在调节细胞氧化还原态势中具有重要角色（Rouhier et al.，2004），越来越多的证据表明植物 GRX 具有抗氧化功能（Cheng，2008；Laporte et al.，2012；Wu et al.，2012；Ning et al.，2018）。根据活性位点序列，植物 GRX 包含三种类型：CPY（F）C 型，CGFS 型和 CC 型（Rouhier et al.，2004，2006），他们参与了植物生长发育、胁迫应答等多种生物学过程（Wu et al.，2012；Xing et al.，2005；Ndamukong et al.，2007；Bandyopadhyay et al.，2008；Yang et al.，2015）。在拟南芥、水稻和杨树中分别有 31、48 和 36 个 GRX 基因家族成员，有关植物 CGFS 型和 CC 型 GRX 基因的研究有许多报道（Laporte et al.，2012；Xing et al.，2005；Cheng et al.，2011；Xing and Zachgo，2008），然而，CPYC 型 GRX 基因的研究报道很少。杨树 CPYC 型 GRX 基因在不同组织中呈现不同的表达模式（Rouhier et al.，2006）。非生物胁迫和激素处理能诱导水稻 CPYC 型 GRX 基因 *OsGRX20* 的表达，进一步分析表明，在水稻敏感基因型中过量表达该基因能显著提高植株对白叶枯病的抗性（Ning et al.，2018）。尽管许多植物 GRX 基因已经被鉴定，但关于橡胶树 GRX 基因生物学功能的研究报道很少。研究发现，CC 型 GRX 基因 *GRXC9* 在死皮橡胶树中表达下调（Li et al.，2010；Li et al.，2016），但对该基因的功能没有进一步的研究。

我们前期的蛋白质组分析发现一个 GRX 蛋白（ABZ88803.1/EU295478.1）在死皮橡胶树胶乳中的表达量显著低于健康树，因此，我们推测该基因可能在死皮发生中扮演关键角色，有必要对其开展进一步的功能研

究。我们从橡胶树中克隆鉴定了这个 GRX 基因，命名为 *HbSRGRX1*，并对其开展序列比对及系统进化分析。同时，系统分析了该基因在不同组织、不同品种、不同死皮程度植株及不同胁迫处理下的表达谱，并进一步开展了亚细胞定位及原核表达分析，这为阐明该基因在死皮发生中的功能奠定了良好基础。

1. 主要研究方法　橡胶树叶片、叶柄、胶乳、树皮、雌花、雄花和嫩枝木质部等不同组织材料来源于热研 7-33-97（2006 年定植）。热研 7-33-97、7-20-59、8-79、热垦 523 和 PR107 等 5 个不同品系来源于中国热带农业科学院试验场金富队，采集不同品种割胶时所割下的树皮作为样品材料；选取树围长势基本一致的热研 7-33-97 植株分别进行机械伤害、H_2O_2 和激素进行处理。机械伤害处理参照 Tang（2010）等和 Deng 等（2015）的方法。采用 2%H_2O_2、1.5%乙烯利（ET）、0.005%茉莉酸甲酯（MeJA）、200 $\mu mol/L$ 脱落酸（ABA）、200 $\mu mol/L$ 水杨酸（SA）、100 $\mu mol/L$ 赤霉素（GA$_3$）、200 $\mu mol/L$ 细胞分裂素（6-BA）、66 $\mu mol/L$ 生长素（2，4-D）和 100 $\mu mol/L$吲哚乙酸（IAA）对植株进行处理，并分别于处理 0 h、6 h、12 h、24 h、48 h采集胶乳样品。参照 Tang 等（2007）的方法进行胶乳总 RNA 提取，cDNA第一链合成使用 Fementas 公司逆转录试剂盒（RevertAid First Strand cDNA Synthesis Kit）。根据橡胶树谷氧还蛋白 GRX（登录号 ABZ88803.1/EU295478.1）基因序列设计克隆开放阅读框（ORF）的引物（表 8-6），以正常树胶乳 cDNA 为模板进行 PCR 扩增，扩增产物经 1.2%琼脂糖凝胶电泳回收后连接 pMD-18T 载体并转化大肠杆菌感受态细胞 DH5a，通过菌落 PCR 鉴定后，挑取阳性单克隆送往公司测序。对获得的基因序列进行生物信息学分析，根据目的基因 *HbSRGRX1* 序列设计亚细胞定位的引物（表 8-6），并进行PCR 扩增。对 PCR 产物和 pCAMBIA1302 载体分别用限制性内切酶 NcoI/SpeI 进行双酶切，回收酶切产物后用 T4-DNA 连接酶将目的片段和载体片段进行连接，从而得到亚细胞定位载体 pCAMBIA1302-HbSRGRX1-GFP，采用热激法转化大肠杆菌 DH5a 感受态细胞，挑取单克隆扩大培养，经 PCR 和质粒双酶切验证后，进行测序分析，将测序正确的阳性克隆质粒（pCAM-BIA1302-HbSRGRX1-GFP），以及空载体（pCAMBIA1302-GFP）分别转入农杆菌 EHA105 中，将转化成功的农杆菌用注射器注射至烟草叶片下表皮细胞中，培养 2-5 d，随后采用激光共聚焦显微镜（Fluo View™ FV1000）对侵染烟草叶片进行荧光观察。

根据 *HbSRGRX1* 基因序列设计特异性 qPCR 引物 HbSRGRX1-QF 和HbSRGRX1-QR（表 8-6），采用 qPCR 分析 *HbSRGRX1* 基因在不同组织、不同死皮程度树皮和胶乳、机械伤害、H_2O_2 和不同激素处理条件下的表达模式。经 PCR 克隆扩增、产物回收后与 PEASY-E1 连接、转化和酶切测序鉴定后获得正确阅读框的原核表达重组质粒，命名为 E1-HbSRGRX1。将 E1-Hb-SRGRX1 导入大肠杆菌 BL21 感受态细胞，PCR 鉴定阳性克隆。挑取阳单克隆于 LB（50 ng/mL Amp）液体培养基中，37 ℃ 培养至 OD 值 0.6～0.8，加入 IPTG 至终浓度为 0.8 mmol/L，诱导表达 3～4 h。收集菌液，超声破碎处理后，进行 SDS-PAGE 电泳分析。

表 8-6　引物序列

引物名称	引物序列（5'→3'）	用途
HbSRGRX1-F	ATGGCGATGACCAAGGCCAAG	ORF 克隆
HbSRGRX1-R	TTTAAGCAGAAGCCTTAGCAAGAGCTCC	ORF 克隆
1302-HbSRGRX1-F	CTC CCATGG ATGGCGATGACCAAGGCCAAG	亚细胞定位分析
1302-HbSRGRX1-R	CGC ACTAGT TTAAGCAGAAGCCTTAGCAAGAGCTCC	亚细胞定位分析
HbSRGRX1-QF	CGTTTCTTCCAATTCTGTTGTCGTT	qPCR 分析
HbSRGRX1-QR	CAATGTGCTTGCCACTGATG	qPCR 分析
Hb18SrRNA-QF	GCTCGAAGACGATCAGATACC	qPCR 分析（内参）
Hb18SrRNA-QR	TTCAGCCTTGCGACCATAC	qPCR 分析（内参）

注：下划线代表限制性内切酶位点

2. *HbSRGRX1* 基因 ORF 克隆、序列及系统进化分析　以反转录得到的胶乳 cDNA 为模板进行 PCR 扩增，获得 *HbSRGRX1* 基因的完整 ORF 大小为 324 bp（图 8-18），编码由 107 个氨基酸组成的蛋白质，通过 NCBI CDD 数据库预测分析显示，HbSRGRX1 蛋白为 CPYC 型谷氧还蛋白，活性位点为保守序列 CPYC，并具有 GSH 结合

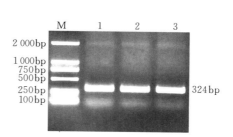

图 8-18　橡胶树 *HbSRGRX1* 基因的 PCR 扩增

位点，属于硫氧还蛋白超家族（thioredoxin-like supperfamily），其预测蛋白分子量为 11.3 kDa，等电点（pI）为 6.71。

采用 DNAMAN 软件对 HbSRGRX1 蛋白与其他植物 CPY（F）C 型谷氧还蛋白进行氨基酸序列比对。结果显示，橡胶树 HbSRGRX1 蛋白序列与木薯 MeGRX、蓖麻 RcGRX、麻疯树 JcGRX、杨树 PtGRX、拟南芥 AtGRX、小麦 TaGRX 和葡萄 VvGRX 的氨基酸序列相似性分别为 84.11％、77.57％、75.23％、73.39％、71.17％、64.60％ 和 68.42％，HbSRGRX1 蛋白与同属大戟科植物的木薯、蓖麻 GRX 蛋白的相似性最高（图 8-19A）。

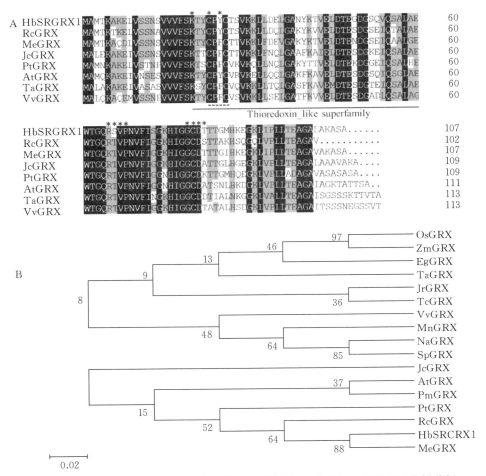

图 8-19　HbSRGRX1 蛋白与其他植物 GRX 蛋白的多序列比对及系统进化树分析

注：A 代表多序列比对分析结果。黑色和灰色分别表示相同或相似的氨基酸，直线、星号和虚线分别代表硫氧还蛋白超家族保守基序、GSH 结合位点和活性位点；B 代表进化树分析结果。GRX 蛋白登录号如下：木薯 *Manihot esculenta* （MeGRX，XP 021594601.1），蓖麻 *Ricinus communis* （RcGRX，XP 002524673.1），杨树 *Populus trichocarpa* （PtGRX，XP 002298529.2），梅花 *Prunus mume* （PmGRX，XP 008230572.1），拟南芥 *Arabidopsis thaliana* （AtGRX，NP 198853.1），麻风树 *Jatropha curcas* （JcGRX，NP 001295635.1），可可 *Theobroma cacao* （TcGRX，XP 007031532.1），核桃 *Juglans regia* （JrGRX，XP 018842397.1），番茄 *Solanum pennellii* （SpGRX，XP 015077482.1），烟草 *Nicotiana attenuate* （NaGRX，XP 019224739.1），桑树 *Morus notabilis* （MnGRX，XP 024029530.1），葡萄 *Vitis vinifera* （VvGRX，XP 002276266.1），小麦 *Triticum aestivum* （TaGRX，AAP80853.1），油棕 *Elaeis guineensis* （EgGRX，XP 010940165.1），玉米 *Zea mays* （ZmGRX，NP 001158948.1），水稻 *Oryza sativa* （OsGRX，XP 015626005.1）。

从 NCBI 数据库下载其他植物的 GRX 蛋白序列，选取 NCBI 数据库中其他 16 条 CPY（F）C 型植物谷氧还蛋白与橡胶树 HbSRGRX1 蛋白，利用软件 MEGA6.0，选择 Neighbour-Joining（NJ）模型，进行 1000 次 bootstrap 统计学检验，构建包括 HbSRGRX1 蛋白序列在内的植物 GRX 蛋白系统进化树，聚类结果显示，橡胶树 HbSRGRX1 蛋白与大戟科植物木薯 MeGRX、蓖麻 RcGRX 亲缘关系最近，与水稻、玉米亲缘关系较远，表明 HbSRGRX1 与 MeGRX 和 RcGRX 在进化上更为保守（图 8-19B）。

3. HbSRGRX1 的亚细胞定位 将构建的 *HbSRGRX1* 基因的亚细胞定位载体 pCAMBIA1302-HbSRGRX1-GFP 及空载体（pCAMBIA1302-GFP）分别转入农杆菌中，将转化成功的农杆菌注射至烟草下表皮细胞中，在激光共聚焦显微镜下观察绿色荧光蛋白信号在细胞内的分布，结果显示，pCAMBIA1302-HbSRGRX1-GFP 的融合蛋白仅在细胞核中表达，而空载体在整个细胞中均有表达，表明 HbSRGRX1 蛋白定位在细胞核上（图 8-20）。

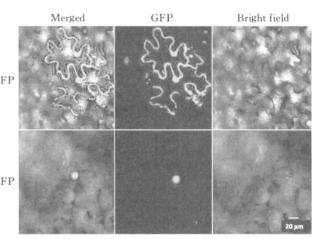

图 8-20　HbSRGRX1 的亚细胞定位
（Merged）：荧光图像（GFP）与明场图像（Bright field）的叠加图像

4. *HbSRGRX1* 基因在不同组织和品种中的表达特征 采用 qPCR 技术对 *HbSRGRX1* 基因在橡胶树不同组织中的表达模式进行分析，结果显示，*HbSRGRX1* 基因在不同组织中均有表达，但表达水平存在差异。*HbSRGRX1* 基因在雄花（male flower）中的表达量最高，接下来依次是木质部（xylem）、树皮（bark）、胶乳（latex）、雌花（female flower）、叶柄（petiole），在叶片（leaf）中的表达量最低（图 8-21A）。在不同品种（热研 7-33-97、7-20-59、8-79、热垦 523 和 PR107）橡胶树中，*HbSRGRX1* 基因的表达具有明显差异。*HbSRGRX1* 基因在热研 7-33-97 中的表达显著高于在其他品系，在热垦 523

和 PR107 中的表达量相当，无明显差异，但均显著高于在热研 7-20-59 和 8-79 中的表达量。*HbSRGRX1* 基因可能在不同组织和品种中具有特定的功能（图 8-21B）。

5. *HbSRGRX1* 基因在不同死皮程度植株中的表达特征　同健康树相比，不同死皮程度植株树皮和胶乳中 *HbSRGRX1* 基因的表达量均显著下降（图 8-21C-D）。随着死皮程度的增加，*HbSRGRX1* 基因在树皮中的表达量呈显著下降的趋势（图 8-21C），而在胶乳中的表达量呈先下降后略微回升的趋势（图 8-21D），*HbSRGRX1* 基因在死皮程度 1、2 和 3 植株胶乳中的表达量无明显变化。

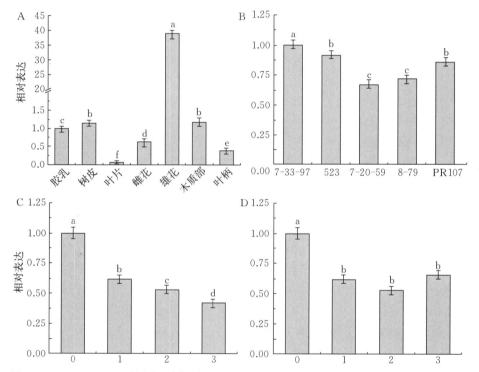

图 8-21　*HbSRGRX1* 基因在不同组织（A）、不同品种（B）、不同死皮程度树皮（C）和胶乳（D）中的表达
注：0、1、2 和 3 分别代表健康树、死皮程度 1、2 和 3（同前）。

6. *HbSRGRX1* 基因在不同胁迫处理下的表达　机械伤害、H_2O_2 和不同激素均能调控 *HbSRGRX1* 基因的表达。*HbSRGRX1* 基因在伤害和 H_2O_2 处理后，呈相同的表达趋势，即先下降后上升，然后再下降又上升的趋势（图 8-22 A、B）。在乙烯（ET）及茉莉酸甲脂（MeJA）处理后，表达量总体呈下降趋势（8-22C-D），其中在 ET 处理 0～12 h 内，表达量呈显著下降趋势，在

24～48 h，表达量趋于稳定（图 8-22C）。在脱落酸（ABA）和水杨酸（SA）处理后的表达趋势一致，均呈先上升后下降，然后再上升又下降的趋势（图 8-22E-F）。

总的来看，*HbSRGRX1* 基因在植物激素 2，4-D、GA₃、6-BA 和 IAA 处理后均呈先上调后下降的表达趋势（图 8-22 G-J）。在 2，4-D 和 GA₃ 处理后，*HbSRGRX1* 基因表达量显著上升，6 h 时均达到最高值，随后表达量下降（图 8-22G-H）。6-BA 处理后，*HbSRGRX1* 基因表达显著上调，在 12 h 表达量达最大值，12 h 后表达显著下调，24～48 h 表达量趋于稳定（图 8-22 I）。IAA 处理后，*HbSRGRX1* 基因表达量显著增加，直至处理 24 h 时表达量达到最高值，随后显著下调表达（图 8-22 J）。

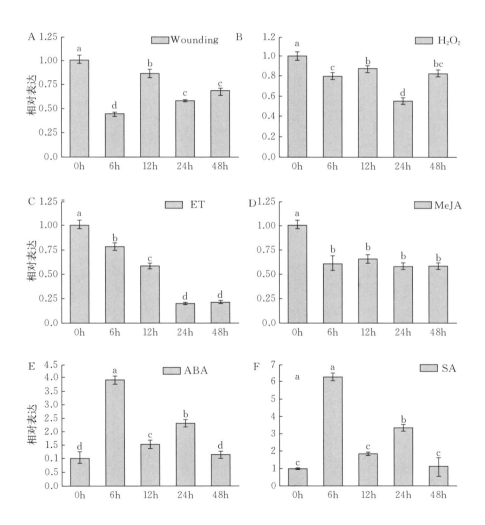

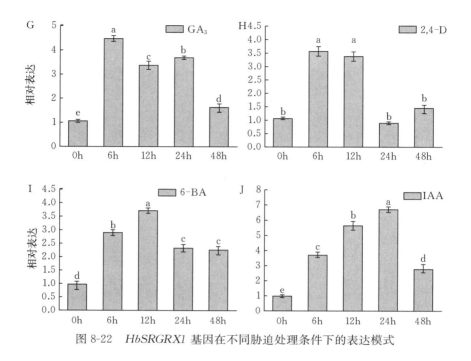

图 8-22 *HbSRGRX1* 基因在不同胁迫处理条件下的表达模式

7. *HbSRGRX1* 基因的原核表达 E1-HbSRGRX1 重组菌表达出约 11 kDa 左右的蛋白，因 PEASY-E1 载体带有 6 个 His 标签，使得 SDS-PAGE 电泳检测到的蛋白条带略大于 11 kDa，但总体结果与预测蛋白分子量大小相符（图 8-23）。

8. 小结 GRX 是一类小分子氧化还原酶，大小一般为 11～15 kDa。许多研究发现，GRX 具有调节器官发育、参与氧化胁迫应答及激素调节等多种功能（Cheng，2008；Xing et al.，2005；Sharma et al.，2013）。然而，有关橡胶树 GRX 的研究很少，其在橡胶树中的功能并不清楚。本研究分离了一个 CPYC 型 GRX 基因 *HbSRGRX1*，其编码 107 个氨基酸。序列分析及进化树分析说明 HbSRGRX1 蛋白与同属大戟科植物的木薯和蓖麻 GRX 具有高度相似性，暗示了 GRX 蛋白在进化上的保守性。HbSRGRX1 定位于细胞核内，在其他植物中也有研究显示 GRX 定位于细胞核内（Ning et al.，2018；Sharma et al.，2013；Hong et al.，2012；Li et al.，2009）。拟南芥 CC 型 GRX 蛋白 ROXY1 定位于细胞核内，是调控花瓣发育的关键因子（Li et al.，2009）。水稻 OsGRX8 蛋白定位于细胞核和细胞质中，参与渗透胁迫、盐及氧化胁迫应答（Sharma et al.，2013）。

本书分析了 *HbSRGRX1* 基因在不同组织、不同品种、不同死皮程度植株

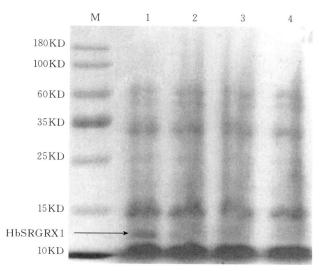

图 8-23　E1-HbSRGRX1 融合蛋白 IPTG 诱导表达产物的 SDS-PAGE 分析

注：M（Marker）. 蛋白分子量标准；1. E1-HbSRGRX1 转化菌诱导后表达产物；2. E1-HbSRGRX1 转化菌诱导前表达产物；3. E1-HbSRGRX1 反向链接转化菌诱导后表达产物；4. E1 转化菌诱导后表达产物。

及不同处理条件下的表达谱。已有研究显示，GRX 基因在水稻和杨树的不同组织中差异表达（Ning et al.，2018；Rouhier et al.，2006；Garg et al.，2010）。橡胶树 *HbSRGRX1* 基因在不同组织也呈现不同的表达模式，其在雄花中表达量最大，在叶片中表达量最低，暗示了其在雄花发育中可能具有重要功能。杨树 CYPC 型 *PtrcGrxC3* 在花中的表达量最高，在叶片中的表达量最低（Rouhier et al.，2006）。*HbSRGRX1* 基因在不同品种中也差异表达，其在热研 7-33-97 中的表达量最高，其次是热垦 523、PR107，在热研 8-79 和 7-20-59 中的表达最低。在这 5 个品种中，热研 7-33-97 是高产抗寒品种，PR107 和 7-20-59 是抗风品种，而热垦 523 和热研 8-79 抗寒和抗风性是最弱的。*Hb-SRGRX1* 基因在不同品种中的差异表达暗示了其可能在橡胶树防御应答中的发挥作用。

　　活性氧信号参与死皮发生过程，一些活性氧清除相关基因已被鉴定（Li et al.，2010；Putranto et al.，2015）。转录组分析显示 GRX 基因在死皮树中下调表达（Li et al.，2010），本研究中也发现 *HbSRGRX1* 基因在死皮树中显著下调表达。H_2O_2 处理抑制了 *HbSRGRX1* 基因的表达，根据这些结果我们推测，*HbSRGRX1* 基因可能在死皮应答中扮演重要角色。

　　机械伤害及不同激素处理也能调节 *HbSRGRX1* 基因的表达。激素调控植物生长发育及环境胁迫应答等多种过程，许多研究也发现植物 GRX 基因的表达受激素调节。拟南芥 *GRX480*（*GRXC9*）可能在 SA/JA 信号交互中具有一关键作用（Ndamukon et al.，2007），它的表达能被紫外线激活（Herrera-Vásquez et al.，2015）。过量表达水稻 CC 型 *OsGRX8* 能减少植株对激素 ABA 和 IAA 的敏感性（Sharma et al.，2013），水稻 GRX 基因也参与了 IAA、SA、JA、ABA、细胞分裂素等的应答（Garg et al.，2010）。此外，水稻 *OsGRX20* 基因的表达在 2，4-D、JA、SA 和 ABA 等激素处理后显著上调（Ning et al.，2018）。生产上广泛使用乙烯利（一种乙烯释放剂）来刺激胶乳再生，而乙烯利调节胶乳产生的机制并不清楚。本研究中，乙烯利处理显著下调了 *HbSRGRX1* 基因的表达，暗示了该基因在乙烯信号途径中的关键功能。在植物中，JA 是调控植物多种生理过程的重要激素（McConn et al.，1997；Yuan and Zhang，2015；Farooq et al.，2016；Hu et al.，2017）。外施 JA 能诱导橡胶树乳管分化，而乳管数量与胶乳产生紧密相关（Hao and Wu，2000），JA 可能是调节橡胶生物合成中的关键信号分子（Zeng et al.，2009）。本研究中 JA 显著下调了 *HbSRGRX1* 基因的表达，*HbSRGRX1* 基因可能在 JA 调节的橡胶生物合成过程中具有重要角色。除 ET 和 JA 之外，*HbSRGRX1* 基因的表达也受 ABA、SA、GA$_3$、2，4-D、6-BA 和 IAA 调控，这为进一步鉴定该基因在橡胶树中的功能奠定了良好基础。

（二）活性氧清除相关基因表达与橡胶树死皮的关系

一些与橡胶树死皮相关的活性氧清除相关基因已被鉴定。使用抑制消减杂交技术，Li 等（2010）鉴定了 17 个与死皮有关的活性氧产生和清除相关基因，包括 CAT、APX、SOD、GR、谷氧还蛋白基因等，并且这些基因在死皮树中的表达被显著抑制，暗示这些基因在死皮发生中的关键作用。橡胶树 *HbGR1* 基因在不同程度死皮植株中差异表达，而 *HbGR2* 基因在死皮树树皮和胶乳中的表达增加（邓治等，2014；Deng et al.，2015）。乙烯利刺激橡胶树发生死皮后诱导了 *HbCuZnSOD* 基因的表达（Putranto et al.，2015）。上述研究显示了活性氧清除系统与死皮相关，活性氧产生和清除的不平衡可能导致了氧化胁迫，进而导致死皮发生。尽管已经鉴定了一些与死皮相关的活性氧清除基因，但缺乏系统的研究，这些基因的功能仍不清楚。前人的研究主要集中于通过鉴定健康和死皮树中差异表达的活性氧清除相关基因来试图揭开这些基因与死皮的相关性，到目前为止，也没有关于死皮恢复过程中这些基因研究的报道。本书首次利用死皮发生和恢复试验系统，研究了活性氧清除基因，包括 *HbCAT*、*HbSOD*、*HbAPX*、*HbGPX* 和 *HbPOD* 在死皮发生和恢复中的角色，这对阐明橡胶树死皮发生机制具有重要意义。

1. 主要研究方法 植物材料同第六章。从 NCBI 中下载活性氧相关基因

HbCAT（登录号：AF151368）、*HbSOD*（*HbCuZnSOD*；登录号：AF457209）、*HbAPX*（登录号：AF457210）、*HbGPX*（登录号：KU535880）和 *HbPOD*（登录号：KF932265）的序列，设计引物。以反转录后的胶乳 cDNA 为模板，以 *YLS8* 为内参，采用表 8-7 中的引物序列对上述基因进行 qPCR 分析。

表 8-7 引物序列

引物名称	引物序列（5′-3′）
HbCAT-Q-F	CTCATCACAACAATCACCAT
HbCAT-Q-R	CAGATAGGCAACCAACCA
HbAPX-Q-F	TTAGTGAAGAGTACCAGAAGG
HbAPX-Q-R	AGTCAGCATAGGAGAGGATA
HbGPX-Q-F	TTCAAGGCTGAGTATCCAAT
HbGPX-Q-R	GGCATAACGGTCAACAAC
HbPOD-Q-F	CCTCTTCCTCTTATTCTCTGT
HbPOD-Q-R	GCCATTCCTCTATGTTCTTG
HbCuZnSOD-Q-F	GTCCAACCACCGTAACTG
HbCuZnSOD-Q-R	TGCCATCATCACCAACATT
YLS8-Q-F	CCTCGTCGTCATCCGATTC
YLS8-Q-R	CAGGCACCTCAGTGATGTC

2. 诱导死皮发生过程中活性氧相关基因在胶乳中的表达特征 采用 qPCR 方法，分析活性氧清除相关基因 *HbCAT*、*HbSOD*、*HbAPX*、*HbGPX* 和 *HbPOD* 在强乙烯利刺激诱导死皮发生过程中的表达变化。为了排除植株自然生长对基因表达的影响，采用乙烯利处理植株胶乳中每种基因的表达（T）与对照植株胶乳中每种基因的表达（C）的比值（T/C）来衡量基因表达的变化。总体来看，*HbCAT*、*HbSOD*、*HbAPX* 和 *HbGPX* 在强乙烯利刺激诱导死皮发生过程中呈显著下降趋势（图 8-24），而 *HbPOD* 活性则呈显著上升趋势。

3. 促进死皮树恢复过程中活性氧相关基因在胶乳中的表达特征 同样，为了排除植株自然生长对基因表达的影响，采用死皮康复综合技术处理植株胶乳中每种基因的表达（T）与对照植株胶乳中每种基因的表达（C）的比值（T/C）来衡量基因表达的变化。总体来看，*HbCAT*、*HbSOD*、*HbAPX* 和 *HbGPX* 的表达在死皮树恢复产胶过程中呈显著上升趋势（图 8-25），而 *Hb-POD* 的表达则呈显著下降趋势，这些基因在死皮恢复过程中的表达趋势与死皮发生过程中的表达趋势正好相反。无论在死皮发生还是死皮恢复过程中，基

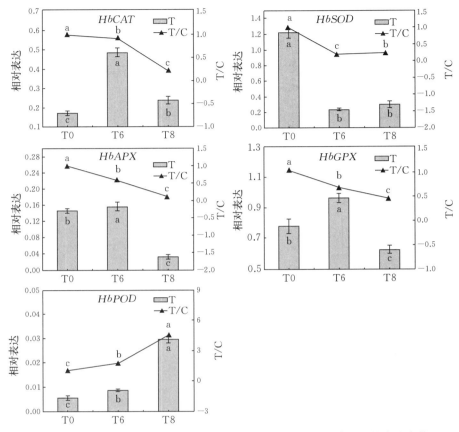

图 8-24 强乙烯利刺激诱导死皮发生过程中活性氧清除相关基因的表达变化

因的表达（T/C）与其相应的 T 值的变化趋势一致性很差，说明植株自然生长对基因表达具有较大的影响。

4. 小结 同其他植物相比，橡胶树中有大量的氧化还原相关基因（Zhang et al.，2019）。橡胶树基因组上有 407 个氧化还原相关基因被鉴定，其中有 161 个基因在胶乳中表达，包括 POD、CAT、SOD、APX 和 GPX 及其他氧化还原相关基因（Zhang et al.，2019）。转录组分析显示，POD、CAT、SOD、APX 和 GPX 基因在乙烯利诱导产生的轻微和严重死皮树中差异表达（Montoro et al.，2018）。本文中，*HbCAT*、*HbCuZnSOD*、*HbAPX* 和 *HbGPX* 基因在强乙烯利刺激诱导死皮发生过程中总体呈下降趋势，而在死皮恢复过程中则呈上升趋势。Montoro 等（2018）也发现，在乙烯利诱导的轻微和严重死皮树中这些基因的表达受到抑制，在乙烯利诱导的严重死皮树中，POD 基因的表达被抑制。而在本文中，强乙烯利刺激诱导死皮发生后 *HbPOD* 基因的表

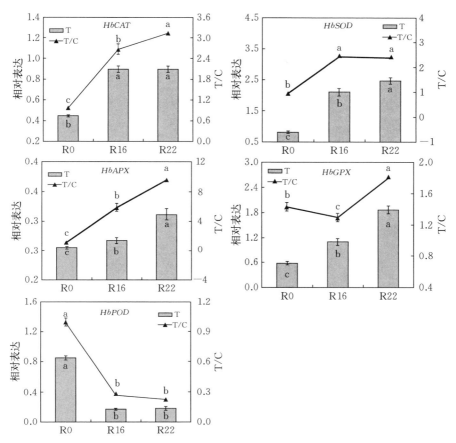

图 8-25　死皮树恢复产排胶过程中活性氧清除相关基因的表达变化

达显著上调，这种相反的表达可能是由于乙烯利刺激强度和橡胶树品种差异引起的。Putranto 等（2015）发现乙烯利刺激所产生的死皮植株中 SOD 基因的表达上调，而本研究中 *HbCuZnSOD* 基因在死皮发生后表达下调，这可能与不同的处理条件有关。在橡胶树中，*HbCuZnSOD* 基因的过量表达增强了植株对水分胁迫的耐性和 POD 的活性（Leclercq et al.，2012）。Chao 等（2015）报道了一个 *HbAPX* 基因在乙烯利处理后的表达显著下调，HbAPX活性也被显著抑制，认为 *HbAPX* 基因的表达下调可能影响了乳管细胞氧化还原平衡。本文中，乙烯利处理上调了 *HbPOD* 基因的表达，一个编码 POD 的基因 *HbPRX42* 也被发现在乙烯利处理后显著增加（Wang 等，2016）。

从已有研究及本书的研究结果，我们推测乙烯利刺激后 *HbCAT*、*Hb-CuZnSOD*、*HbAPX* 和 *HbGPX* 基因表达显著下调及 *HbPOD* 基因的表达上调可能打破了活性氧产生和清除的平衡，导致活性氧的过度积累，胶乳停止排胶，从而发生死皮；反之，死皮康复综合技术处理后 *HbCAT*、*HbCuZnSOD*、*HbAPX* 和 *HbGPX* 基因表达显著上调及 *HbPOD* 基因的表达下调可能促进了氧化还原平衡，导致胶乳排出，促进了死皮树恢复产排胶。此外，无论在死皮发生还是死皮恢复过程中，除了 POD 外，其他每种酶活性的变化与其相应的基因表达变化均不一致，这可能是由于每种酶由多个基因编码，所测定的酶活性为所有基因对应的酶的总活性，而本研究中仅仅分析了每种酶所对应的多个基因中的一个基因。

（三）氰丙氨酸合成酶基因 *HbCAS* 的克隆及表达分析

氰丙氨酸合成酶（β-cyanoalanine synthase，β-CAS）是植物降解氰化物的关键酶。生氰糖苷又称为氰苷，是植物的次生代谢产物，含有生氰糖苷的植物为生氰植物。当植物遭受外界胁迫时，生氰糖苷会与其降解酶接触发生酶促水解反应，释放出有毒物质氢氰酸（HCN）（柳春梅 等，2014；Vetter et al.，2000；Zagrobelny et al.，2008）。为了控制植物细胞内氰化物的浓度，植物利用 β-CAS 进行解毒。β-CAS 以 HCN 和半胱氨酸为底物催化合成 β-氰丙氨酸，氰丙氨酸进一步被转化为天冬酰胺（Zagrobelny et al.，2008）。

β-CAS 广泛存在于植物中。在拟南芥中有 3 个编码 β-CAS 的基因，分别为 *CYS-C1*、*CYS-D1* 和 *CYS-D2*（Jost et al.，2000），在烟草中有两个编码 β-CAS 的基因（Liang，2003；Yu et al.，2020c）。已有研究表明，β-CAS 参与多种生物学过程，其活性受病原及环境胁迫等调节。拟南芥 *AtCysC1* 参与了对病原菌的应答（Garcia et al.，2013）。干旱胁迫能显著提高烟草叶片和根中 β-CAS 的活性，复水后其活性下降（Liang，2003），过表达 β-CAS 的烟草植株增加了对盐胁迫的耐性，而 β-CAS 基因沉默植株则更易遭受氧化胁迫损伤（Yu et al.，2020c）。此外，β-CAS 还参与了根毛形成、种子发芽等过程（García et al.，2010；Amiola et al.，2018）。

橡胶树是天然橡胶的主要来源，具有重要的经济价值，但橡胶树死皮却严重降低了胶园产量。橡胶树是典型的生氰植物，细胞质基质中含有生氰糖苷（Lieberei，2007）和 β-CAS（Kongsawadworakul，2009）。已有研究显示，正常树中 β-CAS 酶活性很高（Kongsawadworakul，2009），而死皮植株中 β-CAS 酶活性极低（Moraes et al.，2002；Krishnakumar et al.，2014；Chrestin et al.，2004）。β-CAS 可能在调节橡胶树死皮发生过程中扮演重要角色，但目前关于橡胶树 β-CAS 基因的功能研究还未见报道。本研究对橡胶树 *HbCAS* 基因进行了克隆，并对其编码的蛋白进行多序列比对及系统进化分析，同时，采用 qPCR 技术对 *HbCAS* 基因在不同组织及不同处理条件下的表达模式进行系统分析，从而为进一步阐明 *HbCAS* 基因在橡胶死皮发生中的功能奠定理论基础。

1. 主要研究方法 实验材料为巴西橡胶树品系热研 7-33-97，该品系于 1991 年定植在中国热带农业科学院试验农场。采集热研 7-33-97 稳定叶、衰老叶、雌花、雄花、胶乳、树皮、新梢等组织样品，其中根部组织样品取自移栽培养 6 个月的热研 7-33-97 组培苗，于−80 ℃保存备用。各组织样品包含 3 个生物学重复，每个重复选取 3 棵树。选取长势相同的热研 7-33-97 组培苗进行 H_2O_2、乙烯利（ET）、茉莉酸甲酯（JA）、SA、ABA、甲基紫精（MV）、干旱处理（PEG）、低温处理（cold）及高盐胁迫（salt）处理。H_2O_2 的处理参照 Zhu 等（2010）的方法，处理浓度为 20 mmol/L；ET 和 JA 的处理参照 Hao 和 Wu 等（2000）的方法，处理浓度分别为 10 mmol/L 和 200 μmol/L；ABA、SA 和 MV 处理浓度分别为 200 μmol/L、5 mmol/L 和 200 μmol/L。低温处理是将组培苗置于人工气候箱中，处理温度为 4 ℃，光照强度 600 μmol/（m^2 · s），光照时间为 16 h；将组培苗的培养基质洗净，根部浸泡于 20%聚乙二醇 6000（PEG6000）中来模拟干旱环境；采用 400 mmol/L NaCl 处理来模拟高盐胁迫条件。以不做任何处理的组培苗为对照，分别在处理后 3、6、12、24、48 h 时采集叶片，用液氮冻存，用于 RNA 提取。

胶乳提取采用天根生化科技有限公司的 RNAprep Pure 多糖多酚植物总 RNA 提取试剂盒，其他不同组织 RNA 的提取采用 BioTeKe 通用植物总 RNA 提取试剂盒。cDNA 第一链合成采用 PrimeScript™ RT reagent Kit with gDNA Eraser（TaKaRa）反转录试剂盒。根据拟南芥 β-CAS 基因序列搜索橡胶树基因组数据库，获得与其相似的序列 scaffold0194＿110039，采用 Primer3（http://primer3.ut.ee/）软件设计扩增该基因的特异性引物。HbCAS-F：5'-ACTGTGGAGTGTGGGAAGAG-3'，HbCAS-R：5'-ACCCCATC-CCAAAGCACTTA-3'。以橡胶树热研 7-33-97 胶乳 cDNA 为模板，采用 PCR 扩增目标基因，将 PCR 产物与 1 μl pEASY®-Blunt Simple Cloning Vector 进行连接，加连接产物于 50 μl Trans1-T1 感受态细胞，取鉴定为阳性的克隆送公司测序；根据测序结果设计 HbCAS 基因的 qPCR 的引物：HbCAS-qF：5'-TAATCACTCCCGGGAAGACG-3'，HbCAS-qR：5'-GTCACCCTTCTCTC-CAAGCT-3'，以橡胶树 HbUBC4 基因（GenBank 登录号：HQ323249.1）为内参基因，设计特异引物 HbUBC4-qF：TCACCCTGAACCTGATAGCC 和 HbUBC4-qR：TTTCTTTGGTGACGCTGCAA 对相应模板进行 qPCR 检测。

2. HbCAS 基因克隆与序列分析 用拟南芥的 CAS 序列对橡胶树全基因组数据库进行同源比对，获得具有完整 ORF 的基因序列。在该序列的 ORF 两端设计特异性引物，采用 PCR 技术从胶乳 cDNA 中扩增出的条带与预期片段大小一致。测序结果显示，该片段长度为 1164 bp，ORF 长 1113 bp。由图 8-26 可知，

HbCAS 蛋白编码 370 个氨基酸，预测其理论分子量为 40.15 kDa，等电点为
8.90。序列分析结果表明，*HbCAS* 基因编码蛋白不具有信号肽和跨膜结构
域，主要定位于线粒体，属于色氨酸合成酶（Tryptophan synthase beta）超
家族。核苷酸序列比对显示，该基因属于 CAS 家族，将其命名为 *HbCAS*。

```
                    10        20        30        40        50        60
1    ATGGCTACTCTTAGGAACTTGTTGAAGAAAAAATCTTTAACGTCCAACGAGCTTGCTATA
1     M  A  T  L  R  N  L  L  K  K  K  S  L  T  S  N  E  L  A  I
                    70        80        90       100       110       120
61   AGGAGGTTCGTCTCTTCCGAGGCTGCTGCTGAATCTCCTTCTTTTGCTCAAAGAATCAGG
21    R  R  F  V  S  S  E  A  A  A  E  S  P  S  F  A  Q  R  I  R
                   130       140       150       160       170       180
121  GATCTGCCCAAGAATCTCCCTGGAACTAAAATCAAGACTGAAGTTTCTCAACTTATTGGG
41    D  L  P  K  N  L  P  G  T  K  I  K  T  E  V  S  Q  L  I  G
                   190       200       210       220       230       240
181  AGAACTCCCCTTGTTTATCTTAACAAAATGAGTGAAGGATGTGGAGCTTACATAGCCGTC
61    R  T  P  L  V  Y  L  N  K  M  S  E  G  C  G  A  Y  I  A  V
                   250       260       270       280       290       300
241  AAGCAAGAGATGATGCAACCAACTGCCAGCATCAAAGACAGGCCGGCGTTTCAATGCATT
81    K  Q  E  M  M  Q  P  T  A  S  I  K  D  R  P  A  F  S  M  I
                   310       320       330       340       350       360
301  AATGATGCAGAAAAGAAGAATTTAATCACTCCCGGGAAGACGGTCTTGATAGAGCCAACA
101   N  D  A  E  K  K  N  L  I  T  P  G  K  T  V  L  I  E  P  T
                   370       380       390       400       410       420
361  TCTGGTAATATGGGGATTAGTATGGCTTTTATGGCAGCCATGAAAGGATACAAGATGGTT
121   S  G  N  M  G  I  S  M  A  F  M  A  A  M  K  G  Y  K  M  V
                   430       440       450       460       470       480
421  CTAACCATGCCCTCTTACACAAGCTTGGAGAGAAGGGTGACTATGAAGGCATTTGGAGCT
141   L  T  M  P  S  Y  T  S  L  E  R  R  V  T  M  K  A  F  G  A
                   490       500       510       520       530       540
481  GAGCTAATTGTCACTGATCCCACCAAGGGGATGGGTGGAACAGTTAAGAAGGCCTATGAT
161   E  L  I  V  T  D  P  T  K  G  M  G  G  T  V  K  K  A  Y  D
                   550       560       570       580       590       600
541  CTTTTTGGAATCCACACCAAATGCTTTCATGCTACAACAATTTTCAAATCCTGCAAATTCT
181   L  L  E  S  T  P  N  A  F  M  L  Q  Q  F  S  N  P  A  N  S
                   610       620       630       640       650       660
601  AAGATCCATTTTGAAACGACAGGTCCTGAAATTTGGGAGGATACACTTGGTCATGTTGAC
201   K  I  H  F  E  T  T  G  P  E  I  W  E  D  T  L  G  H  V  D
                   670       680       690       700       710       720
661  ATCTTTGTAATGGGAATAGGCAGTGGAGGAACAGTCTCTGGCGTTGGGCAGTACCTTAAA
221   I  F  V  M  G  I  G  S  G  G  T  V  S  G  V  G  Q  Y  L  K
                   730       740       750       760       770       780
721  TCTCAAAATCCTAATGTTAAGATAATATGGGGTGGAGCCTGCTGAAAGTAATGTGCTCAAC
241   S  Q  N  P  N  V  K  I  Y  G  V  E  P  A  E  S  N  V  L  N
                   790       800       810       820       830       840
781  GGTGGTAAACCAGGTCCTCATCAAATTATGGGTAACGGAGTTGGATTTAAACCAGACATA
261   G  G  K  P  G  P  H  Q  I  M  G  N  G  V  G  F  K  P  D  I
                   850       860       870       880       890       900
841  TTGGACATGGATGTAATGGAAAAGGTTCTTGAGGTTAGCAGTGAAGATGCAGTAAAAATG
281   L  D  M  D  V  M  E  K  V  L  E  V  S  S  E  D  A  V  K  M
                   910       920       930       940       950       960
901  GCTAGGAGATTGGCATTGGAGGAGGGGCTTATGGTGGGAATATCATCTGGAGCCAACACA
301   A  R  R  L  A  L  E  E  G  L  M  V  G  I  S  S  G  A  N  T
                   970       980       990      1000      1010      1020
961  GTTGCTGCACTTAGACTTGCTAGAATGCCAGAGAACAAAGGAAAACTCATCGTGACTGTT
321   V  A  A  L  R  L  A  R  M  P  E  N  K  G  K  L  I  V  T  V
                  1030      1040      1050      1060      1070      1080
1021 CATCCAAGTTTTGGGGAGCGATACTTGTCATCTGTCCTGTTTGAAGAACTGAGAAATGAG
341   H  P  S  F  G  E  R  Y  L  S  S  V  L  F  E  E  L  R  N  E
                  1090      1100      1110
1081 GCTGCAAACATGCAACCAGTTCCAGTTGACTAA
361   A  A  N  M  Q  P  V  P  V  D  *
```

图 8-26　*HbCAS* 基因的 cDNA 序列及其推导的氨基酸序列

3. HbCAS 蛋白系统进化分析 利用 NCBI Smart Blast 进行氨基酸序列同源性比对分析，结果表明，HbCAS 蛋白与木薯 MeCAS（XP_021613567.1）氨基酸同源性最高，相似性达 91％，其次是麻风树，麻风树中与 HbCAS 同源性最高的 CAS 蛋白为 JcCAS（XP_012083364.1），相似性为 90％（图 8-27）。进一步利用 MEGA6.0 软件将 HbCAS 蛋白与其他物种的 17 个 CAS 蛋白进行系统进化分析，结果表明，HbCAS 蛋白与木薯 MeCAS（XP_021613567.1）、麻风树 JcCAS（XP_012083364.1）亲缘关系较近，而与葡萄 VvCAS（XP_002276013.1）、扁桃 PdCAS（XP_034205806.1）、大麻 CsCAS（XP_030491851.1）、苦瓜 McCAS（XP_022157695.1）等亲缘关系较远（图 8-28）。

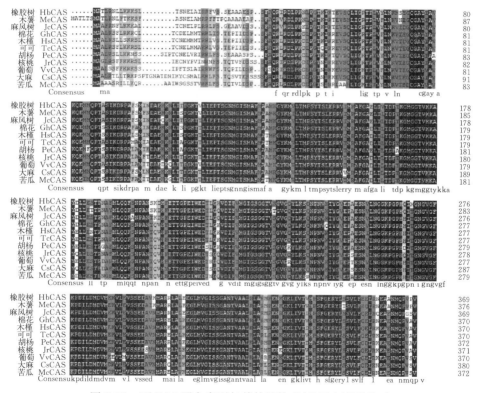

图 8-27　HbCAS 蛋白序列与其他植物 CAS 蛋白序列比对

注：MeCAS：*Manihot esculenta*，XP_021613567.1；JcCAS：*Jatropha curcas*，XP_012083364.1；GhCAS：*Gossypium hirsutum*，XP_016694915.1；HsCAS：*Hibiscus syriacus*，KAE8665808.1；TcCAS：*Theobroma cacao*，XP_017984314.1；PeCAS：*Populus euphratica*，XP_011036588.1；JrCAS：*Juglans regia*，XP_018859720.1；VvCAS：*Vitis vinifera*，XP_002276013.1；CsCAS：*Cannabis sativa*，XP_030491851.1；McCAS：*Momordica charantia*，XP_022157695.1。

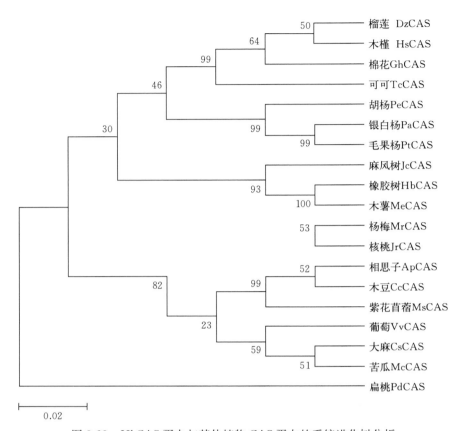

图 8-28　HbCAS 蛋白与其他植物 CAS 蛋白的系统进化树分析

注：DzCAS：*Durio zibethinus*，XP＿022757383．1；HsCAS：*Hibiscus syriacus*，KAE8665808．1；GhCAS：*Gossypium hirsutum*，XP＿016694915．1；TcCAS：*Theobroma cacao*，XP＿017984314．1；PeCAS：*Populus euphratica*，XP＿011036588．1；PaCAS：*Populus alba*，XP＿034926367．1；PtCAS：*Populus trichocarpa*，XP＿002301362．1；JcCAS：*Jatropha curcas*，XP＿012083364．1；MeCAS：*Manihot esculenta*，XP＿021613567．1；MrCAS：*Morella rubra*，KAB1214349．1；JrCAS：*Juglans regia*，XP＿018859720．1；ApCAS：*Abrus precatorius*，XP＿027348791．1；CcCAS：*Cajanus cajan*，XP＿020219483．1；MsCAS：*Medicago sativa*，AQZ26214．1；VvCAS：*Vitis vinifera*，XP＿002276013．1；CsCAS：*Cannabis sativa*，XP＿030491851．1；McCAS：*Momordica charantia*，XP＿022157695．1；PdCAS：*Prunus dulcis*，XP＿034205806．1。

4. HbCAS 基因的组织表达特征　　qPCR 分析结果表明，*HbCAS* 基因在橡胶树胶乳、树皮、根、稳定叶、衰老叶、雄花、雌花和新梢等组织中均有表达，其中在胶乳中的表达量最高，其次是衰老叶和雄花；在树皮、根、稳定叶、雌花和新梢中的表达量相对较低（图 8-29）。

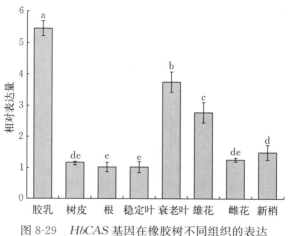

图 8-29 *HbCAS* 基因在橡胶树不同组织的表达

5. *HbCAS* 基因在不同处理下的表达特征　同健康树相比，*HbCAS* 基因在死皮树胶乳中的表达量显著降低（图 8-30）。经胁迫和激素处理后，*HbCAS* 基因的表达发生明显改变（图 8-31）。在 H_2O_2、MV 和低温处理下，*HbCAS* 基因在叶片中的表达量均呈先降低后升高再降低的趋势，其中 H_2O_2 和 MV 处理后 6 h *HbCAS* 基因表达量升高到最大值，是处理前的 2 倍左右，6 h 之后开始显著下降；低温处理后的第 3 小时和第 24 小时，*HbCAS* 基因表达量降至最低，48 h 后显著升高；在高盐、干旱及乙烯利胁迫下，*HbCAS* 基因的表达量整体呈上升的趋势，均在 48 h 显著升高到最高值；JA 处理下，*HbCAS* 基因表达量整体呈现波动趋势，第 6 h 降至最低，为处理前的 1/3 左右；*HbCAS*

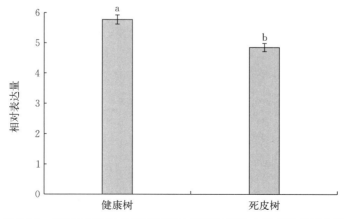

图 8-30 *HbCAS* 基因在健康和死皮橡胶树胶乳中的表达差异分析

基因表达量在 SA 处理下呈先降低后升高再降低的趋势，12 h 表达量最高，为处理前的 2 倍左右，到 48 h 降至处理前的 1/2 左右；在 ABA 的处理下，*Hb-CAS* 基因表达量在处理后 3 h 显著上升，然后呈逐渐下降的趋势，48 h 表达量显著降至最低值。

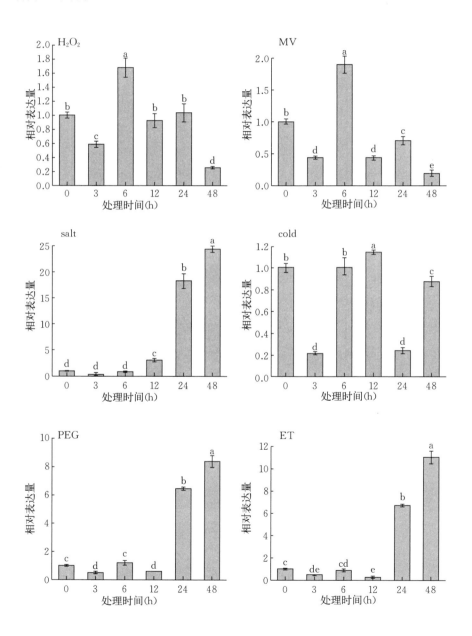

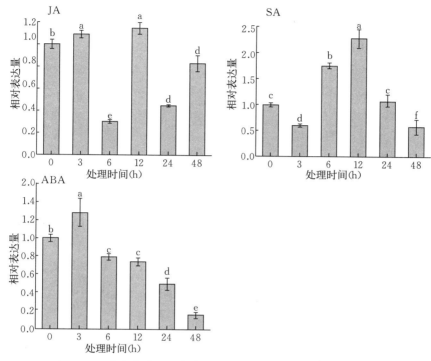

图 8-31 非生物胁迫和激素处理下 *HbCAS* 基因表达模式分析

6. 小结 β-CAS 是植物体内氰化物解毒的关键酶，在调节植物生长发育及逆境胁迫中扮演重要角色。本书从橡胶树中克隆了 *HbCAS* 基因，该基因编码蛋白与同属大戟科植物的木薯、麻风树 CAS 蛋白具有较高的序列同源性和较近的亲缘关系，这表明 CAS 蛋白在进化上是高度保守的。

HbCAS 基因在胶乳、树皮、根、稳定叶、衰老叶、雄花、雌花和新梢等组织中均有表达，其在胶乳中的表达量最高，暗示了该基因可能在胶乳中具有关键功能。同健康树相比，*HbCAS* 基因的表达在死皮树胶乳中受到明显抑制。前人研究也显示死皮树中 β-CAS 酶活性显著降低（Moraes et al.，2002；Krishnakumar et al.，2014；Chrestin et al.，2004），暗示了死皮树中氰化物解毒能力下降可能与橡胶树死皮发生有关。

活性氧作为信号分子可调控植物不同的代谢反应，当植物受到逆境胁迫时会大量产生活性氧，导致活性氧的过度积累，从而造成细胞死亡，影响植物正常的生长发育（Apel and Hirt，2004；Camejo et al.，2016；Choudhury et al.，2017；Segal et al.，2018）。橡胶树死皮发生被认为与活性氧信号密切相关。H_2O_2 处理显著调节了橡胶树 *HbCAS* 基因的表达，暗示了 *HbCAS* 基因可能通过参与 H_2O_2 信号途径进而调节死皮的发生。生产上通过乙烯利刺激来增加胶乳产量。乙烯利刺激显著上调了 *HbCAS* 基因的表达，暗示了 *HbCAS* 基因可能在乙烯调节的胶乳产生中发挥作用。*HbCAS* 基因的表达也被 JA、SA 和 ABA 等激素调控，说明 *HbCAS* 基因参与了 JA、SA 和 ABA 等多种激素信号的应答。

此外，*HbCAS* 基因的表达也受多种非生物胁迫调节，如甲基紫精、干旱、低温及盐胁迫等。Yu 等（2020c）发现在烟草中过量表达 β-CAS 基因能增加植株对盐胁迫的耐性。盐胁迫显著上调了 *HbCAS* 基因的表达，推测 *HbCAS* 基因可能在橡胶树盐胁迫应答中具有重要功能。干旱胁迫下，*HbCAS* 基因的表达显著上调，Liang 等（2003）也发现干旱胁迫显著上调烟草叶片和根中 β-CAS 活性，暗示了 CAS 基因参与了干旱胁迫应答。

本文从巴西橡胶树中克隆了 *HbCAS* 基因，该基因 ORF 长为 1 113 bp，编码 370 个氨基酸。*HbCAS* 基因具有组织特异性表达，在死皮树中表达明显下调。H_2O_2 及乙烯利、JA、SA 和 ABA 等多种激素调节了 *HbCAS* 基因的表达，同时，干旱、低温、甲基紫精、高盐等多种非生物胁迫也调控了 *HbCAS* 基因的表达。这些结果暗示 *HbCAS* 基因可能在橡胶树死皮发生、活性氧信号、激素调节及多种非生物胁迫应答中扮演重要角色，为进一步阐明 *HbCAS* 基因在橡胶死皮发生中的功能奠定理论基础。

四、本章小结

我们在健康和死皮植株树皮中共鉴定了差异表达的 263 个 DELs、174 个 DEMs 和 1 574 个 DEGs，并构建了他们之间的调控网络。橡胶树死皮发生由 lncRNAs、miRNA 和基因形成的网络共同调控。同时，我们鉴定了 65 个死皮相关蛋白，这些蛋白与橡胶生物合成、活性氧代谢等密切相关。对已鉴定的死皮相关基因和蛋白还需要进一步开展深入研究，从而阐明其在死皮发生中的功能。

已有研究普遍认为，橡胶树死皮与活性氧的过度积累有关。D'Auzac 等（1989）提出了"自由基破坏黄色体膜导致死皮"的假说。该假说认为，死皮发生时黄色体膜上 NAD（P）H 氧化酶、细胞质过氧化物酶活性增强，而超氧化物歧化酶和过氧化氢酶活性减弱，抗坏血酸及还原型硫醇等抗氧剂浓度大大减少，活性氧大量积累，从而破坏黄色体的膜结构而使其破裂，黄色体释放出凝固因子，导致胶乳原位凝固，从而堵塞乳管造成死皮。本书鉴定了活性氧清除相关 GRX 基因 *HbSRGRX1*，并发现该基因在死皮树中的表达显著下调，且外源 H_2O_2 处理抑制了该基因的表达，说明 *HbSRGRX1* 基因与橡胶树死皮发生密切相关；同时，利用乙烯利诱导死皮发生和死皮康复综合技术促进死皮恢复产胶的实验系统，进一步发现活性氧清除基因 *HbCAT*、*HbCuZnSOD*、*HbAPX*、*HbGPX* 和 *HbPOD* 和相应的酶调节了死皮发生和恢复过程，进一步证实了活性氧信号与橡胶树死皮密切相关。

已有研究也认为，氰化物的过度积累可能导致了橡胶树死皮的发生。因此，我们进一步鉴定了橡胶树氰化物解毒相关基因 *HbCAS*，并对其开展了系统的表达模式分析，发现该基因在死皮树中的表达显著下调，*HbCAS* 的表达下调可能导致了过多的氰化物不能被清除从而对乳管系统造成伤害而导致死皮发生。

橡胶树死皮防治技术研究总结

第三篇 / 03

第九章 合理进行割面规划与调整，预防死皮发生

橡胶树是我国重要的经济林树种。要实现橡胶树长期高产高效，须使用科学的栽培和管理方法。其中割面规划是影响橡胶树长期安全、高产、高效和胶树经济寿命的关键因素。科学的割面规划与调整能使橡胶树皮的割胶消耗和再生皮恢复之间得到平衡，并使再生皮和原生皮生长发育正常，疏导组织连接好、减少"吊颈皮"和"皮岛"，使割胶时的割线有足够的排胶影响面。这样，既能提高胶水产量，也能减轻橡胶树因排胶疲劳而导致的较多死皮现象，避免出现"有树，没有皮；有皮，没有胶水"的现象，使得橡胶树在整个生命周期中有足够的树皮产胶，且持续保持高产和稳产。因此，采用科学的割面规划与调整，对预防死皮发生、提高橡胶产量和劳动生产力具有重要的现实意义。

结合海南橡胶龙江分公司割胶生产实践，下面详细阐述常规割胶、新制度割胶、阴阳刀割胶和气刺割胶等不同割胶制度的割面规划要点及其注意事项，并提出采用割面规划与调整技术对橡胶树死皮植株进行处理与复割，为预防和控制橡胶树死皮提供新思路。

一、不同割胶制度的割面规划

1. 常规割胶制度的割面规划 常规割胶是指采用 S/2d2 割制，单阳线，不进行药物刺激。目前，多数国有胶园的幼龄树与民营胶园以常规割胶制度为主。海南年割胶刀数 120～135 刀，云南与广东为 105～110 刀，月割胶刀数不超过 15 刀。民营胶园生产技术与管理总体水平较低，多数胶园在树龄 20 年左右就出现"有树，没有皮；有皮，没有水"的现象，主要原因之一就是没有进行科学合理的割面规划。如果割面规划不合理，即年割胶刀数太多或者每刀耗皮量太大，原生皮消耗过快，而再生皮尚未恢复到割胶需要的厚度，从而出现被迫中途停割或提前强割的情况，导致橡胶树生产周期缩短，明显影响经济效益。

具体有以下几种情况：①开线高度太低，在离地面 110 cm（甚至更低）处开线；②割胶刀数偏多，耗皮量大（年耗皮 25 cm 以上）；③对低割线

（20 cm以下）没有进行挖潜，因而一面原生皮只能割3～4年，两个割面原生皮只需6～8年全部耗完，而此时再生皮尚未恢复到可以割胶的厚度；④植胶农户割胶操作技术不规范，伤口较多，致使再生皮恢复不平整，难以再利用；这时胶农往往会寻找离地面130～150 cm树干范围内的原生皮进行采胶，造成离地面110～150 cm处原生皮变成一块"吊颈皮"，产量低且容易形成死皮；更严重的情况是此时根本不再对割面树皮利用进行规划，而是哪块树皮有胶水就在哪里割胶，因此割龄不到15年的胶园就已经面临不得不更新的处境。

由于常规割胶不割阴刀，且芽接树提高割线，减产不明显，再生树皮要经过7～8年以上恢复才能达到割胶厚度，因此在便于割胶的情况下，割线可以尽量开高些。结合海南橡胶龙江分公司生产实践经验，常规割胶橡胶树割面规划（图9-1）首先应注意第1、第2割面应于离地面130～150 cm处开线，以每刀耗皮0.12 cm计，每月15刀，耗皮1.8～2 cm，每年生产期9～10个月，年耗皮18～20 cm左右；因此，在离地面130～150 cm处开线，两个割面共有260～300 cm原生皮，这些原生皮可供割胶13～16年以上，同时，再生皮也有足够时间恢复。再生皮的开线高度（第3、第4割面）应仍与原生皮的高度相同，在离地130～150 cm处开线，这样就不会产生"吊颈皮"和"皮岛"，在生产期内有足够树皮轮换。

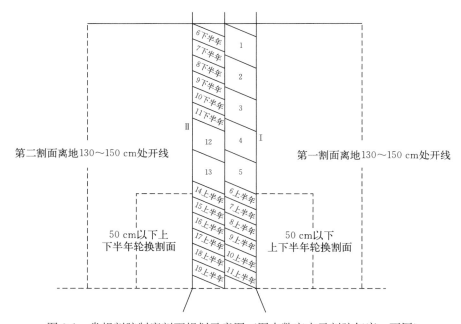

图9-1　常规割胶制度割面规划示意图（图中数字表示割胶年序，下同）

另外，胶农还需要注意的是：为了预防橡胶割面病虫害、寒害和减少死皮，提高产量，在第 1 割面树皮割到离地 50～60 cm 以下时，可采用两个割面上、下半年轮换割胶制度。上半年割第 1 割面的低线（50～60 cm 以下），8 月以后转第 2 割面割高线，这样既减缓了割面连续排胶疲劳，可以提高产量，也避免因下半年胶园湿度大、寒气重而导致割面病害和寒害的发生。

2. 新割胶制度的割面规划 所谓新割制是相对于过去采用的 2 d 一刀常规割制而言，采用乙烯利刺激割胶的 3 d 一刀、4 d 一刀、5 d 一刀等低频割制，其主要特点就是：①使用乙烯利刺激；②割胶刀数大幅度地减少。新割胶制度主要包括只割阳线割制与阴阳刀割制，新割胶制度乙烯利刺激的 3 d 一刀、4 d 一刀、5 d 一刀有：单割 1/2 树围阳线和 1/4 阴、阳线相结合两种割制，其割面规划及改进总结如下：

（1）新割制——只割 1/2 树围单阳线的割面规划。与常规割制比，新割制是以腰代刀，年割胶刀数大幅度减少，割胶耗皮也明显减少，同时提高橡胶树原生皮与再生皮利用率，减少劳动力，增加了经济效益，是目前国有农场普遍使用的割胶制度。

在新的割胶制度下，如果橡胶树在整个生命周期都不割阴刀（强割树除外）的割面规划安排如下（图 9-2）：第 1 割面在离地 120～130 cm 处开割，第 1～3 割年内 S/2 采胶不加刺激剂，年耗皮约 12 cm，3 年耗皮量约为 36 cm；

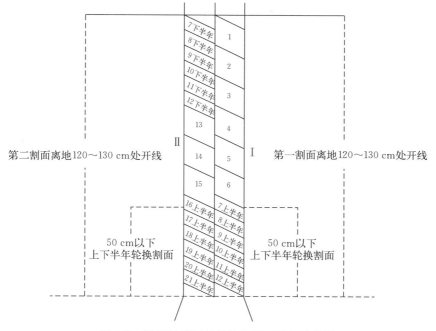

图 9-2　新割制只割单阳线的割面规划示意图

第 4～6 割年为 S/2＋ET 刺激，年耗皮 12～15 cm，3 年共耗皮 36～45 cm；6 年内共耗皮 72～81 cm，第 1 割面剩下只有距地面 50 cm 以下的原生皮，第 7 割年以后，采用两个割面上、下半年轮换割胶方式，即上半年割第 1 割面低割线（50 cm 以下部分），8 月以后转第 2 割面割高线，第 2 割面高线原生皮开线也是在 120～130 cm 处，每年两个割面耗皮各 6.5～7.5 cm。照此规划，继续采用两个割面上、下半年轮换割胶制度割 6 年后，第 1 割面原生皮正好割完，第 2 割面原生皮消耗约 50 cm。第 13、14 割年单割第 2 割面原生皮，2 年内耗皮 24～30 cm，加上原来耗皮的 50 cm，第 2 割面的原生皮消耗74～80 cm，第 2 割面又剩下距地面 50 cm 以下原生皮。与此同时，第 1 割面 120～130 cm 处的再生皮已经有 14 年以上的恢复时间，树皮厚度也足够再次割胶；这样可以继续采用两割面年内轮换割胶方式，即上半年割第 2 割面 50 cm 以下低线的原生皮，8 月以后转割原第 1 割面高线的再生皮，再生皮开线仍在原开线处，如此循环，在橡胶树没有发生死皮、或受风害以及病虫害影响时，可以延长其生产期，使其整个生命周期都有足够树皮割胶。

（2）新割制——阴、阳刀割胶的割面规划。随着乙烯利刺激在割胶生产中全面推广应用，人们发现采用单阳线割胶容易造成橡胶树过度排胶，产生排胶疲劳，从而导致橡胶树死皮；而且只割单阳线，树皮利用率仍然较低。因此，从 20 世纪 90 年代开始，植胶区逐渐推广双短线阴、阳刀轮换割胶制度，获得令人满意的经济效益；同时，也促使生产者把阴刀割胶从过去只作为强割更新的夺胶手段转变为一种常规的采胶手段。

有别于前述割制的割面规划，阴、阳刀双短线割胶制度一般在开始的 12 割年内采用单阳线割制（图 9-3），第 12 割年后采用阴、阳刀双短线割胶。首先，第 1、第 2 割面开线可降低至距地面 110～120 cm 处，采用 1/2 树围单阳线割胶，年耗皮 10～11 cm，第 1～7 年内耗皮 70～77 cm，第 1 割面剩下原生皮距地面 50 cm 以下时，从第 8 割年开始，采用第 1、第 2 割面上、下半年轮换割胶制度，上半年割第 1 割面低线 50 cm 以下，8 月以后转第 2 割面重新开高线割胶，高度仍在距地面 110 cm 处，2 个割面年耗皮各 5.5～6 cm，到第 12 割年左右，第 1 割面原生皮只剩下距地面 20～30 cm 以下部分，第 2 割面高线消耗原生皮约 30 cm。这时，按照阴阳刀割胶制度，橡胶树的生长状况与割龄如果符合割阴刀的标准要求，就可以开阴、阳线同时割胶（图9-4）。阴刀开在第 1 割面原生皮与再生皮结合处的后半段 1/4 树围，向上割原生皮阴刀；阳线前半年按原来第 1 割面的 1/2 树围割线破半，割前段的 1/4 树围低线，8 月以后转第 2 割面割高线，高线是在原来第 2 割面的 1/2 树围阳线破半，割前段 1/4 树围。1/4 树围阴刀割胶配 1/4 树围阳刀割胶，无论是上半年阴刀配阳刀的低线，还是下半年阴刀配阳刀高线，始终保持在 1 个

1/2 树围割面内割胶。

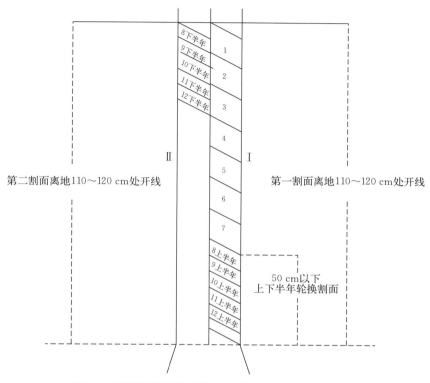

图 9-3　新割制阴阳线割胶 12 割龄前的割面规划示意图

　　第 1 割面后半段 1/4 树围阴线割至距地面 180～200 cm 处至少需要 6 年以上；而同时，阳线的低线第 1 割面 1/2 树围前段的 1/4 树围原生皮割完后，再割第 1 割面的 1/2 树围后段的 1/4 原生皮。当 6 年后割完第 1 个 1/4 树围阴线时，阴线继续从右往左转，开始割第 2 个割面原生皮与再生皮结合处前半段 1/4 树围阴线，阳线上半年则继续割第 2 割面 1/2 树围前段 1/4 树围的原生皮，8 月以后转高线，即第 2 割面的 1/2 树围后段 1/4 树围的原生皮。这样，上半年阴线和阳线恰好在一个 1/4 树围内，而 8 月之后，阴线和阳线则在同一个 1/2 树围内。阴线继续割第 2 个 6 年之后，割线距地面高过 180～200 cm 处时继续从右往左转，阳线由于再生皮已经有足够的恢复时间，树皮厚度已可以再次割胶，所以阳线也跟着阴线从右往左转。如此类推，循环往复，阴、阳线始终保持在同一个 1/2 树围或同一个 1/4 树围内，两线割口距离不能低于40 cm，避免在同一树干上常年进行阴、阳线对面割胶。

　　S/4 树围双短线阴、阳刀割胶制度改革的成败取决于割面规划，割面规划

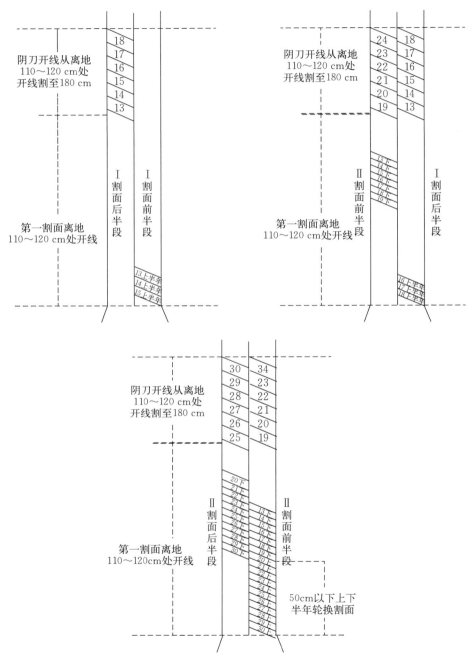

图 9-4　新割制阴阳线割胶的割面规划示意图

注：新割制阴阳线割胶割面规划（图中数字表示割胶年序）。

不合理会影响正常的生产作业，导致伤树和减产。而新割制的割面规划—尤其是采用 S/4 树围双短线阴、阳刀割制的橡胶树割面规划对技术与思想素质要求较高，与现行生产管理制度存在一定矛盾，因而在后来的生产实践中，很多国营农场停止使用阴、阳刀割胶制度。阴、阳刀割胶制度的难点主要有两点：第一是阴刀割胶高度控制不好，超过 180 cm 仍没有转线，而是继续往上割，变成强割；第二是阴、阳刀割胶不注意割线转换顺序，致使"吊颈皮"和"皮岛"在树上大量出现，导致产量低，且容易死皮。

3. 气刺割胶的割面规划　相对于传统割胶而言，气刺割胶有两项最大的改变，一是割线短，只有 1/8 树围，甚至更短；二是将传统的乙烯利刺激改为乙烯气体刺激。

割线短时，如果割面规划不合理，更容易出现乱割、乱开线的现象。乱割后果是橡胶树身上会出现很多"吊颈皮"或"孤岛"，造成树皮浪费和乳管连接不好，导致产量下降，影响后续生产。所以气刺割胶目前一般提倡 S/8 割线，就是为了最大程度减少上述情况的出现。在一年的割胶过程中，割面规划时考虑把 1 个 S/4 分成两个 S/8 轮换割，到年终时 2 个 S/8 割线基本割平，仍然是一个 S/4 树围。割完 1 个 S/4 树围原生皮再考虑轮换割第 2 个 S/4 树围，这样合理规划和安排割面就会减少"吊颈皮"或"皮岛"的出现。

4. 橡胶树割胶割面规划的注意事项

（1）割线斜度对割面规划的影响。割面规划中的割线斜度以有利胶乳在割线上畅流为原则。一般阳线倾斜度以 $25°\sim30°$ 为宜，阴线倾斜度以 $40°\sim45°$ 为宜。如果斜度过大，就会造成底线三角皮过多与树皮浪费；还会出现冬季割胶割口不易封闭、胶乳长流的现象，并容易发生割面病害或形成死皮。

（2）割面调整顺序。当 S/4 树围阴阳刀割胶割面规划进行调整时，同一割株其阴刀和阳刀割面应选择在一个 S/4 树围或一个 S/2 树围内；如果阴刀有较多原生皮，就必须考虑阴阳刀的距离和阴阳刀的割面方向；如果阴刀树皮较少，应优先考虑阴刀再生皮的复生年限（越长越好），再考虑其阴阳刀的距离和阴阳刀的割面方向，尽量做到三者结合，相互迁就。

橡胶树割胶割面规划是一项长期行为，在整个橡胶树生命周期都要坚持不懈地进行科学、合理的割面规划，如在割胶生产中出现割面规划不合理的现象应当及时进行调整，这样做虽然在很多情况下可能会与现行管理体制、割胶生产有矛盾，但生产者需要有远见，杀鸡取卵的方式是不可取的短期行为。

二、橡胶树死皮植株的割面调整

1. 常规割制下橡胶树死皮植株的处理与复割

（1）轻度死皮植株阳线割胶处理。轻度死皮的橡胶树需要养树。经过长期生产实践，采用破半割胶的措施可以减缓橡胶树轻度死皮，主要通过连续多年降低割胶强度，使多数橡胶树恢复 1/2 树围割线正常排胶。

在割胶过程中，如果发现原来 1/2 树围的割线上出现 3 级以下死皮，可以考虑在 1/2 树围的割线上采用破半割胶的措施，即将 1/2 树围的割线平分为 2 条 1/4 树围割线，以减轻割胶强度，使橡胶树轻度死皮症状慢慢恢复产胶。具体操作如下：将出现部分不排胶的 1/2 树围割线一分为二进行破半割胶（图 9-5A），如果破半后割线排胶正常，可以以 1/4 树围割线继续割胶。割完 1 年时，割线排胶仍然保持正常，第 2 年就可以轮换到同一 1/2 树围的另一 1/4 树

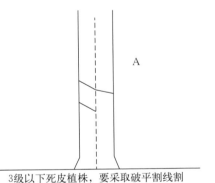

3级以下死皮植株，要采取破平割线割胶。即在原来1/2树围基础上缩短成1/4树围割线。

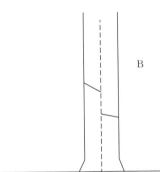

缩短割线割胶后，如果死皮没有继续加重或排胶正常，两个1/4割线在同个1/2树围内相互轮换割胶。

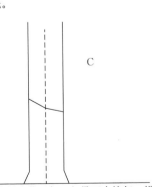

轮换割线割胶若干年，如果死皮恢复，排胶正常，在两个1/4树围割平的基础上可以恢复1/2树围割胶。

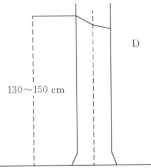

130～150 cm

两个1/4树围轮换割胶后如果死皮继续加重，两个1/4树围全部死皮，则要转第2割面，在离地面130 cm处开线，进行1/4树围割线割胶。

图 9-5　采用阳线割胶割面调整技术处理橡胶树轻度死皮植株

围割面进行割胶（图9-5B）。如果在整个生产季割线排胶症状表现正常，可以以年为单位按照上述方法进行轮换。轮换到一定的年限，2个破半后割面的割线都恢复并保持正常排胶，就可以在割线割平的情况下恢复1/2树围单阳线割胶（图9-5C）。如果在破半割胶之后，2个1/4割线不排胶现象加重，均达到4～5级死皮，就要转入第二割面，在距地面130 cm的高度进行1/4树围阳线割胶，方法同第一割面（图9-5D）。但在进行割面规划时，应按照从左到右的顺序，先开割线的前半部（靠近前水线的1/4树围割线）进行割胶，再割后半部（靠近后水线的1/4树围割线）。

（2）轻度死皮植株阴线割胶处理。与阳刀割胶明显不同之处在于，橡胶树死皮植株规划割面时，阳刀是以年度轮换割面，阴刀是以高度轮换割面，都是从右边到左边进行轮换。如果橡胶树第一、第二割面阳线割胶全部死皮，可以考虑阴刀割胶。由于常规割制中橡胶树开割的高度一般为距地面130～150 cm处（图9-6A），由此向上可进行阴刀割胶的橡胶树原生皮也变得宝贵。因此，在开割阴刀的时候，也要以1/4树围进行阴刀割胶，而且阴线的斜度要达到40°～45°。阴刀是向上割，在原来割面的1/2树围中，先割1/2树围割线的后半部，一直割到距地面180 cm高处，再转入前半部进行割胶。当割到距地面高度180 cm处时，就要考虑转面，转到第二割面的前半部，即在阴刀原生皮和阳刀再生皮交界处开第二割面前半部的阴刀线割胶（图9-6B）。当第二割面前半部原生皮割完时，还剩下第二割面后半部的阴刀皮。这块树皮是相当宝贵，是整株树比较完整的一个保护面，不能轻易割胶。因为，从第一个1/4割面割阴刀开始，一直割到第三个1/4割面，割胶时间为8～13年。所以，第四个1/4割面是否可以阴刀割胶取决于在此期间阳刀割胶再生皮和仍未进行阴刀割胶的原生皮是否能够长平。

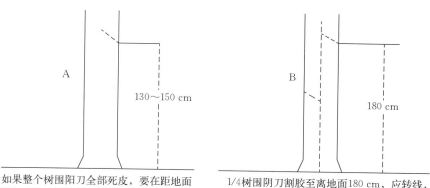

如果整个树围阳刀全部死皮，要在距地面130～150 cm处开1/4树围阴线割胶。

1/4树围阴刀割胶至离地面180 cm，应转线，转入同一个1/2树围内另一个1/4割线割胶。

图9-6 采用阴线割胶割面调整技术处理橡胶树轻度死皮植株

（3）轻度死皮植株再生皮割胶处理。阴线 4 个 1/4 树围割面的原生皮（在 180 cm 以下）都已割完。这时，整株树都处在再生皮的状态。最早由于出现死皮而采用阳线破半割胶的第一、第二割面，原生皮已经干枯脱落或者再生皮已经长好。此时，我们就可以考虑，如有一位置再生皮长得够厚，则可以开一条短线，进行 1/4 树围或者是 1/8 树围采胶，继续降低割胶强度，让它能正常排胶，使橡胶树死皮植株恢复产胶或能保持较低割胶强度下持续产胶。按照上述步骤对橡胶树死皮植株进行割胶，割胶生产持续时间约 30 年。如果对橡胶树死皮植株不采取合理措施进行及时处理，就不可能连续多年排胶并逐渐恢复。如果橡胶树死皮植株在中途恢复产胶，我们可以以 1/2 树围单阳线进行正常割胶。如果仍然不能恢复，不论是阴刀还是阳刀割胶，按照上述方法进行破半或短线割胶是比较正确的技术措施。

2. 新割制下橡胶树死皮植株的处理与复割

（1）新割制之阴阳刀割胶。有别于前述割制，阴、阳刀双短线割胶制度一般在开始的 12 割年内采用 1/2 单阳线割制，第 12 割年后采用阴、阳刀双短线割胶。

（2）新割制条件下橡胶树死皮植株的处理与复割。新割制中只割阳线割制橡胶树死皮植株的处理采用常规割制死皮植株处理与复割相同的措施处理即可。而阴阳刀割胶割制中 12 割龄以下橡胶树植株发生死皮，该怎么处理呢？如果橡胶树已经出现死皮，我们还要继续割胶，要看这株树的死皮程度。如果是 3 级以下轻度死皮，通常采取降低割胶强度的方式进行割胶，先停止刺激割胶，割制不变前提下不要涂药，割胶强度减半即将它原来的 1/2 树围割胶改为 1/4 树围割胶。割胶强度降低，相应产量也会少一些，但可以保留更多的树皮，这是最基本的养树方法。如果在割胶过程中，采用破半后 1/4 树围割胶的橡胶树死皮植株整条割线排胶正常，而且胶乳在割线上比较均匀，就可以视作正常树，等割线割平后恢复 1/2 树围阳线割胶；如果割线仍有某些地方排胶不正常，那就要考虑继续破半割胶，且不能涂药。与此同时，另一 1/4 树围割线的树皮也会得到保养，有可能恢复正常排胶。

采用新割制割胶，橡胶树割龄没有达到 12 年，一般不主张进行阴刀割胶；因此，当 12 割龄以下橡胶树植株发生死皮时，只能采用上述阳线破半割胶。如果以后橡胶树割龄达到 12 年以上，且另外一面的阳刀线也恢复正常，在阴刀割胶时，也可以考虑进行 1/4 树围阴阳刀割胶。

3. 老龄橡胶树死皮植株的处理与复割 老龄橡胶树死皮发生情况比较复杂，轻度死皮植株可以参考前述方法进行处理。对于重度（3 级以上）死皮植株—尤其是已经停割多年的橡胶树，要根据树皮的情况进行处理。如果是爆皮或者茎秆腐烂，一般采取停割的措施，直到其死皮外表皮干枯脱落之后，重新生长出再生皮。当再生皮厚度达到 0.7 cm 以上时，就可找一块完整的树皮进行复割。首先，可以考虑向下开割阳刀，一般采用 1/4 树围单线割胶。若阳线排胶正常，可以继续向下割。如果阳线排胶不正常，可选择阴刀割胶，但阴刀割线长度也是 1/4 树围或者超短线割胶，即割线长度接近 1/8 树围。但如果老龄橡胶树死皮类型表现的只是割线干涸，其他树体状况良好，则我们可以随机选择一块树皮较厚，上下连接较完整的一个 1/4 或 1/8 树围的树皮开线割胶，先往下割阳线，若阳线排胶不正常，则选择阴线。无论阳线还是阴线，只要还有胶水，我们都可以继续割胶，直到爆皮脱落没有完整树皮割胶为止；但如果按此方法割胶若干年，橡胶树恢复较好，再生皮也达到可割胶厚度，即可以恢复 1/2 树围割胶。如果是割线排胶正常的情况下，还可以与正常树一样涂药，气刺割胶。这种老龄树，充分利用它的再生皮进行复割，也可以割若干年。

第十章　橡胶树死皮康复综合技术研发、试验示范及推广应用

一、橡胶树死皮康复综合技术介绍

橡胶树死皮导致严重的产量损失，严重制约着天然橡胶产业持续健康发展。如何有效防治橡胶树死皮一直是天然橡胶生产中亟待解决的重大难题。多年来，研究者从细胞学、生理学和分子生物学等角度探究了橡胶树死皮发生的机理，并尝试采用刨皮、剥皮、开沟隔离、割面补充微量元素或激素等方法防治死皮，同时也研发了一些针对性的防治药剂。这些方法或产品虽有一定的防治效果，但多限于研究报道，并未能在生产中广泛推广应用。本研究团队经多年努力研发了具有较好防治效果的橡胶树死皮康复营养剂（简称"死皮康"）系列产品，建立了橡胶树死皮康复综合技术。该技术成果经农业农村部科技发展中心组织的专家评价达到国际领先水平，入选国家林业和草原局"2020年重点推广林草科技成果100项"，并已在云南、海南等地推广应用。该技术能使40%以上的死皮树恢复产排胶，且恢复植株具有较好的生产持续性。

1. 轻度死皮康复技术　针对轻度死皮（3级及以下死皮），开发了一种橡胶树死皮康复微量元素水溶液体肥—死皮康（轻度死皮防治）（图10-1），获农业农村部肥料登记［农肥（2018）准字11392号］。该微量元素水溶液体肥

图 10-1　死皮康（轻度死皮防治）及其施用方法

主要成分包括钼、硼、锌等橡胶树所需的微量元素及植物活性物质，可以合理补充植株所需养分，同时调节橡胶树内源激素的平衡，阻止死皮的进一步发展，使轻度死皮植株全部或部分恢复产排胶，增加产量。该技术对轻度死皮植株的恢复率达70%以上（表10-1）。

表 10-1　施用死皮康（轻度死皮防治）后死皮恢复率（%）

重复	恢复率（%）		
	死皮康（轻度死皮防治）	奥普尔水溶肥料	清水对照
Ⅰ	73.40	31.40	23.30
Ⅱ	65.30	32.80	19.80
Ⅲ	66.70	39.70	34.40
Ⅳ	75.80	28.40	25.60
均值	70.30	33.08	25.78
标准误	2.55	2.39	3.11
5%显著性	a	b	b

施用方法：将本品用水稀释800倍，均匀喷施于死皮树树干（距地面1.8 m以下），每株树喷施1 L。每周喷施一次，连续喷施5个月，具体时间可根据植株恢复情况适当缩短或延长。尽量晴天喷施，喷施后如遇大雨应进行补喷。

2. 重度死皮康复技术　针对重度死皮（3级以上死皮），研发了橡胶树死皮康组合制剂（图10-2），并制定了相应产品的企业标准（Q/HNRN1—2015）。该组合制剂包括死皮康水剂（ZL201310554320.7；王真辉 等，2014b）和死皮

割面涂施

树干喷施

图 10-2　橡胶树死皮康组合制剂及其施用方法

康胶剂（ZL201410265022.0；王真辉 等，2014a），死皮康水剂用于树干喷施，死皮康胶剂用于割面涂施。在重度死皮植株恢复处理过程中，两种剂型的营养剂同时使用。该技术对橡胶树重度死皮恢复率达 40％以上，延长割胶时间 2 年以上。施用方法如下：

死皮康胶剂：轻刮割线上下 20 厘米（上下一掌）范围内粗皮，去除粗皮与杂物。使用前先摇匀，用毛刷将其均匀涂抹在割线上下 20 厘米树皮上（涂满整个清理面，以液体不下滴为准）。该剂型不需要稀释，直接使用；每个月涂 3 次，连续涂 2 个月。

死皮康水剂：使用前摇匀，将本品用自来水稀释 40 倍（每瓶兑水配制成 40 L 的溶液），均匀喷施于死皮树树干（距地面 1.8 米以下部分），每株树喷施 1 L。每周喷施 1 次，连续喷施 3～5 个月为宜。

为了评价重度死皮康复技术的防治效果，我们建立了两个死皮防治试验区，分别为 2015—2016 年试验区和 2016—2017 年试验区，并综合分析了不同试验区死皮植株经死皮康组合制剂处理后死皮长度、死皮指数及单株胶乳产量的变化情况，试验结果如下：

从死皮长度的变化来看（表 10-2），无论是 2015—2016 年试验区还是 2016—2017 年试验区，试验前对照组和处理组植株死皮长度相当，无明显差异。2015—2016 年试验区，试验后处理植株死皮长度减少 24.99 cm，而对照植株死皮长度仅减少 11.43 cm；其对应的死皮长度恢复率分别为 72.31％和 27.90％，处理植株的死皮长度恢复率显著高于对照，其增加值为 44.41％。2016—2017 年试验区，试验后处理组植株死皮长度减少 32.14 cm，而对照组植株死皮长度仅减少 15.29 cm；其对应的死皮长度恢复率分别为 87.37％和 41.39％，处理组植株的死皮长度恢复率显著高于对照，其增加值为 45.98％，两次重复试验结果一致。对照组割线症状也有不同程度改善，说明死皮植株的割线症状存在一定的自然恢复，但其恢复效果有限，而使用死皮康组合制剂后，死皮植株的恢复率显著提高，两次重复试验的均值为 79.84％，平均增加值为 45.20％。

表 10-2　死皮康组合制剂处理后，死皮植株死皮长度恢复情况

不同试验区及处理		株均割线长度（cm）	株均死皮长度（cm）		死皮长度恢复值（cm）	死皮长度恢复率（％）
			试验前	试验后		
2015—2016 年试验区	对照	49.6±1.46a	41.58±1.42a	30.16±4.75a	11.43±3.83a	27.90±9.70b
	处理	54.33±0.86a	34.55±2.33a	9.56±2.98b	24.99±3.33a	72.31±7.98a
2016—2017 年试验区	对照	50.8±1.87a	37.05±1.78a	21.76±1.57a	15.29±0.22b	41.39±1.36b
	处理	51.9±2.24a	36.70±2.01a	4.56±0.52b	32.14±2.5a	87.37±2.00a

注：表中数值为均值±SE（n=3），同一试验区同列数据后不同小写字母表示在 5％水平上 Duncan's 多重比较的显著性差异。

从死皮指数的变化来看（图 10-3），2015—2016 年试验区，试验前处理组和对照组死皮指数无明显差异，试验后处理组死皮指数降低到 32.99，而对照组死皮指数虽然显著下降，但仍高达 72.96，显著高于处理组死皮指数。2016—2017 年试验区，试验前处理组和对照组死皮指数无显著差异，分别为 86.33 和 85.25，试验后处理组死皮指数降低到 17.97，而对照组死皮指数虽然

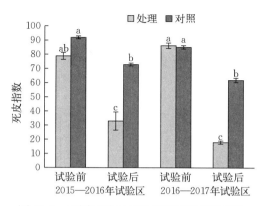

图 10-3　不同试验区试验前后死皮指数变化

显著下降，但仍然高达 62.06，显著高于处理组。两个试验区试验后处理组死皮指数均显著下降，且均显著低于对照组。

从胶乳产量的变化来看，2015—2016 年试验区处理第二年跟踪测产显示，经死皮康组合制剂处理的植株其单株胶乳产量明显增加；且随着时间的推移，其产量也呈逐渐增加的趋势。到 2016 年 10 月 24 日（停割前），其单株胶乳产量达 204 g，而对照组植株胶乳产量明显低于处理组，2016 年 10 月 24 日，对照组单株胶乳产量达到最高值，仅为 76 g，明显低于处理组的胶乳产量（图 10-4）；2016—2017 年试验区，试验当年及第二年的产量数据显示，处理组植株单株胶乳产量随着时间的推移呈逐渐增加的趋势。处理当年，处理植株单株胶乳产量由 10 g 增加到年底（2016 年 10 月 16 日）的 56 g。第二年处理植株的单株胶乳产量更是迅速增长，到年底停割前，其单株胶乳产量达 144 g。而对照组植株，其单株产量一直维持在低位（4～20 g），最高 20 g，处理组植株

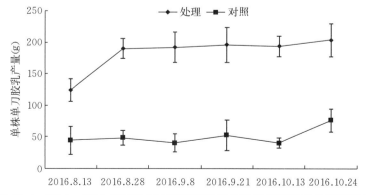

图 10-4　2015—2016 年试验区不同时间平均单株单刀胶乳产量动态变化

的单株胶乳产量明显高于对照组植株（图10-5）。两次重复试验结果虽然增产幅度有所差异，但趋势一致，表明橡胶树死皮植株施用死皮康组合制剂后胶乳产量显著增加。从死皮长度、死皮长度恢复率、死皮指数及胶乳产量的变化可以说明，死皮康组合制剂明显促进了重度死皮植株的恢复，具有良好的防治效果。

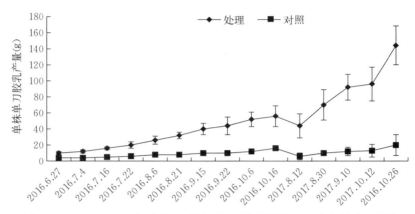

图10-5　2016—2017年试验区不同时间平均单株单刀胶乳产量动态变化

3. 内源乙烯调控辅助康复技术

针对高浓度乙烯利刺激诱发的橡胶树死皮，筛选出一种内源乙烯调控剂1-甲基环丙烯（1-MCP），并创建了配套使用方法（图10-6）。1-MCP是环丙烯类化合物，是一类乙烯竞争性抑制剂，能够通过金属原子与植物体内乙烯受体紧密结合，使乙烯受体保持钝化状态，从而抑制与乙烯相关的生理生化反应，避免过量内源乙烯积累对植物的伤害。另

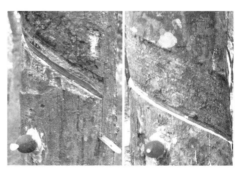

图10-6　内源乙烯调控辅助康复技术

外，1-MCP属于小分子气体，容易穿透树干表层进入树体。结合橡胶树死皮及1-MCP的特点，将1-MCP应用于橡胶树死皮植株内源乙烯的调控，能够显著地避免死皮植株内源乙烯过量积累对树体的进一步伤害，从而达到死皮康复的效果。该技术能有效改善死皮植株胶乳生理状况，显著改善割线症状，试验后，死皮指数显著下降，平均单株胶乳产量显著升高（图10-7）。

施用方法：用刮刀清理割线中点下方20 cm处的粗皮，将内腔约20 mL大小的橡胶气囊安装在清理面，保证气囊和树干粘贴牢固，不漏气；定期通过橡

胶气囊的开口施入 1-MCP 及所需的去离子水，然后用胶塞封堵开口；处理植株施用 1-MCP 进行处理，用药量为 0.1 g/（株·次）、去离子用量 1.5 mL/（株·次）；施药频率为每 10 d 1 次，共处理 4 个月左右。

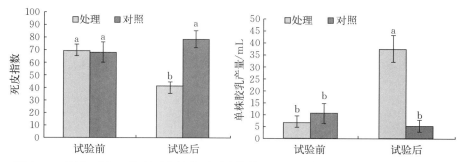

图 10-7 采用 1-MCP 处理死皮植株后死皮指数（左）和单株胶乳产量（右）的变化

二、橡胶树死皮康复综合技术试验

1. 试验点的建立　2014—2015 年，分别在海南、云南与广东进行橡胶树死皮康复综合技术试验，共建立近 20 个试验点，参与试验的橡胶树品种共 9 个，其中，南华 1 因为风害没有取得数据，筛选出参与试验的橡胶树死皮植株近 3 500 株（表 10-3）。

表 10-3　2014—2015 年橡胶树死皮康复综合技术试验点

地点	合作单位	施用技术	试验规模（株）	品种	定植时间（年）
海胶集团新中分公司 23 队	海胶集团研发中心海胶集团新中分公司	喷＋涂	291	PR107	1962
海胶集团新中分公司 28 队	海胶集团研发中心海胶集团新中分公司	喷＋涂	241	PR107	1982
海胶集团新中分公司 51 队	海胶集团研发中心海胶集团新中分公司	喷＋涂	101	PR107	1991
海胶集团山荣分公司侨队	海胶集团研发中心海胶集团山荣分公司	喷＋涂	443	RRIM600	1980
海胶集团广坝分公司普光 15 队	海胶集团研发中心海胶集团广坝分公司	喷＋涂	590	RRIM600	1974
海胶集团广坝分公司普光 14 队	海胶集团研发中心海胶集团广坝分公司	喷＋涂	180	RRIM600	1988

（续）

地点	合作单位	施用技术	试验规模（株）	品种	定植时间（年）
海胶集团阳江分公司大丰片区 8 队	海胶集团研发中心海胶集团阳江分公司	喷＋涂	120	大丰 95	1986
云南省热作所河南队	云南省热带作物研究所	喷＋涂	185	GT1	1990
景洪农场红星生产队	云南省热带作物研究所	喷＋涂	40	RRIM600	1997
云南省热作所江南队	云南省热带作物研究所	喷＋涂	50	热研 8-79	2001
云南瑞丽农场莫里分场德宏遮放农场嘎中分场	云南省德宏热带农业科学研究所	喷＋涂	62 64	GT1 GT1	1970 1986
云南瑞丽农场莫里分场	云南省德宏热带农业科学研究所	喷＋涂	57	GT1	1978
云南河口坝洒农场	云南省红河热带农业科学研究所	喷＋涂	75 50	云研 77-4 GT1	2003 1991
云南河口坝洒农场	云南省红河热带农业科学研究所	喷＋涂	50 60	云研 77-4 GT1	2002 1993
广东湛江五一农场	湛江试验站广东五一农场	喷＋涂	142	南华 1	1972
广东三叶农场乔连分场 18 队	湛江试验站广东省三叶农场	喷＋涂	175	93-114	1970
广东胜利农场沙田队	广垦茂名热作所广东农垦胜利农场	喷＋涂	120	93-114	1986
儋州美万新村	儋州农技中心、儋州市美万新村村委	喷＋涂	57	热研 7-33-97	1997
中国热带农业科学院试验场 3 队	中国热带农业科学院试验场	喷＋涂	70	热研 7-33-97	2000
中国热带农业科学院试验场 6 队	中国热带农业科学院试验场	喷	120	热研 7-33-97	1992
海胶集团广坝分公司普光 15 队	海胶集团广坝分公司	喷	120	RRIM600	1976

2. 试验效果

（1）死皮康复综合技术明显降低了死皮指数，促进多数主栽品种死皮恢复。采用橡胶树死皮康复综合技术对重度死皮植株进行恢复处理后，广东试验点（93-114）处理植株死皮指数降低 57.10，死皮长度恢复率达 77.61%；海南试验点（RRIM600、PR107 和热研 7-33-97）处理植株死皮指数降低 30.49，死皮长度恢复率达 35.23%；云南试验点（云研 77-4 和 GT1）参试植株死皮指数降低值与死皮长度恢复率分别为 31.74 和 48.32%。除 93-114 外，热研 7-33-97、RRIM600、PR107、云研 77-4 和 GT1 等 5 个主栽品种的平均死皮指数降低值与平均死皮长度恢复率分别达到 31.12 和 41.78%（图 10-8）。先后参与试验的 8 个品种死皮恢复能力从大到小依次为：93-114＞热研 7-33-97、RRIM600、PR107、云研 77-4、GT1＞大丰 95＞热研8-79。典型的早熟品种 93-114 处理约 4 月后恢复率即可达到 50%，热研 7-33-97、RRIM600、PR107、云研 77-4 和 GT1 达到较好的恢复率需要 5～6 个月处理时间。热研 8-79 与大丰 95 等早高产品种或早熟品种的死皮防治应采取早期防治的策略，即在死皮发生的越早阶段介入进行防治，效果越好（表 10-4、表 10-5）。

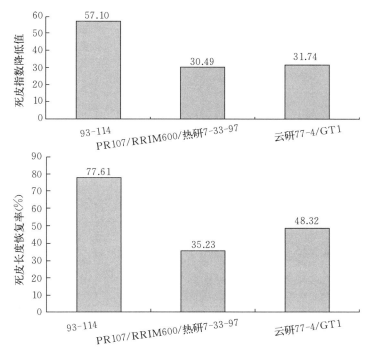

图 10-8　死皮康复综合技术处理后不同品种重度死皮植株死皮指数降低值（上）及死皮长度恢复率（下）

表 10-4　死皮康复综合技术处理后大丰 95 死皮相关指标的变化

		株数	死皮指数		死皮指数变化值	死皮长度恢复率（%）
			试验前	试验后	比试验前降低	
2015	处理	75	98.93	97.04	2.79 a	5.60 a
	对照	75	98.13	98.67	−0.54 a	3.18 a
合计		150				
2016	处理	60	73.00	51.33	21.67 a	40.16 a
	对照	60	71.33	65.67	5.66 b	10.12 b
合计		120				

表 10-5　死皮康复综合技术处理后热研 8-79 死皮相关指标的变化

		株数	死皮指数		死皮指数变化值	死皮长度恢复率（%）
			试验前	试验后	比试验前降低	
2015	处理	30	96.67	90.67	6.00a	8.20a
	对照	30	95.56	88.89	6.67a	6.46a
合计		60				
2016	处理	30	59.23	46.15	13.08a	6.17a
	对照	30	55.20	60.00	−4.80b	−1.82a
合计		60				

　　同时，对死皮康复综合技术对轻度死皮的防治效果进行试验，参与试验的品种为热研 7-33-97 与 RRIM600。结果显示，热研 7-33-97 的死皮指数降低 23.00，死皮长度恢复率为 35.12%；RRIM600 的死皮指数降低 37.00，死皮长度恢复率达 69.69%（图 10-9）。

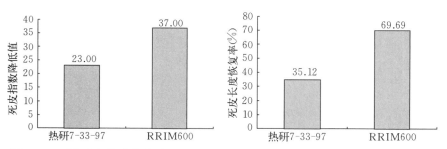

图 10-9　死皮康复综合技术处理后不同品种轻度死皮植株的死皮指数降低值（左）及死皮长度恢复率（右）的影响

（2）死皮康复综合技术提高了死皮植株复割率，且复割后产量明显提高，割线症状稳定。从复割率（恢复正常产胶植株占处理总植株的百分比）看，复割第一年时（图10-10），广东试验点（93-114）处理与对照的复割率分别为53％和15.23％；海胶集团广坝、新中和山荣3个基地分公司试验点（RRIM600与PR107）处理与对照的复割率分别为45.15％和16.67％，热研7-33-97处理与对照的复割率分别为38％和7％；云南试验点云研77-4处理与对照的复割率分别为45.32％和11.5％；GT1处理与对照的复割率分别为37.48％和8.6％。上述品种死皮植株经死皮康复综合技术处理后的平均复割率可达43.39％。

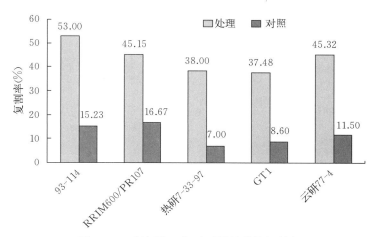

图 10-10　复割第1年时不同品种的复割率

93-114、热研7-33-97、RRIM600、PR107、云研77-4与GT1等6个品种恢复后复割的处理植株比复割的对照植株单株产量提高89.77％（图10-11）。93-114复割后处理组平均胶乳鲜重为96.78 g，对照组为28.47 g，处理为对照的3倍多。RRIM600复割后处理组平均胶乳鲜重为111.57 g，对照为70.05 g。PR107复割后处理组平均胶乳鲜重为63.02 g，明显高于对照的36.5 g。热研7-33-97复割后处理组的平均胶乳鲜重最大，为129.26 g，对照仅为88.31 g。GT1复割后处理组平均胶乳鲜重约为对照组的两倍，而云研77-4处理组平均胶乳鲜重略高于对照组（图10-11）。相比于对照植株，处理植株割线症状（死皮指数）保持稳定，减缓再次发生死皮。海南3个试验点处理植株复割2年后，山荣、广坝和新中农场处理组的死皮指数略有升高，分别升高1.85、2.16和4.9，但总体变化不大。而对照组的死皮指数升高值均高于处理组，广坝农场对照组死皮指数升高值最大，为15.2（图10-12）。图10-13、图11-14和图10-15分别为试验点复割植株跟踪观测照片、不同试验点割面情况及死皮植株处理前后割线症状对比照片。

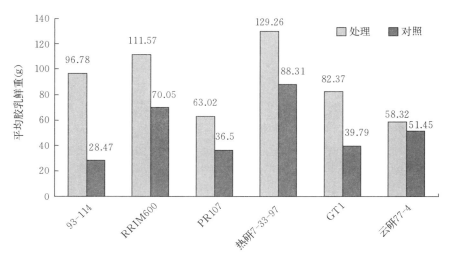

图 10-11 复割后不同品种的平均胶乳鲜重

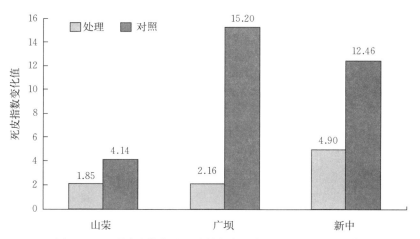

图 10-12 不同示范点处理植株复割两年后死皮指数变化值

图 10-13 试验点复割植株观测

图 10-14　不同试验点复割植株割面情况

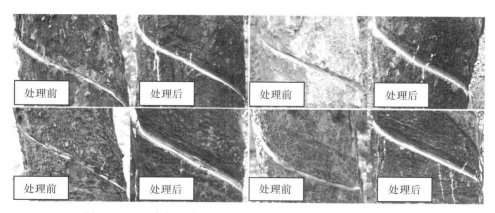

图 10-15　试验点死皮植株处理前（左）后（右）割线症状比较

（3）死皮植株恢复后具有较好的生产可持续性。2012 年 6 月至 2013 年 11 月，在中国热带农业科学院试验场 6 队开展橡胶树死皮恢复试验。试验品种为无性系热研 7-33-97，1991 年定植，1998 年开割，共选取 110 株死皮停割植株（死皮等级均在 4 级以上）。采用死皮康复综合技术对这些死皮停割植株进行恢复处理，连续处理 10 个月后，进行死皮恢复情况调查，结果显示，110 株死皮停割植株中有 42 株恢复产排胶（以割线全线排胶植株作为死皮恢复植株），死皮恢复率约为 38％。以这些死皮恢复植株作为试验材料，分析其复割后三年内干胶产量和干含的变化情况，评价死皮康复综合技术恢复植株的生产可持续性。

从各月恢复植株与正常树平均单株干胶产量的变化来看，恢复植株和正常树干胶产量的最高值分别为 59.66 g/（株·刀）（2015 年 10 月）和 44.41 g/（株·刀）（2014 年 11 月），最低值分别为 25.88 g/（株·刀）（2016 年 8 月）和 22.90 g/（株·刀）（2016 年 5 月）（图 10-16）。恢复植株各月平均单株干胶产量的变化较大，而正常树各月平均单株干胶产量的变化幅度相对较小。除 2015 年 7 月外，其余各月恢复植株干胶产量均高于正常树；从各年份恢复植株和正常树平均单株干胶产量的变化来看，二者均呈逐年下降趋势，但恢复植株各年平均单株干胶产量均高于正常树（图 10-17）。2014 年、2015 年和 2016 年恢复植株平均单株干胶产量分别为 55.71 g/（株·刀）、44.27 g/（株·刀）和 35.75 g/（株·刀），分别高于正常植株约 18 g/（株·刀）、12 g/（株·刀）和 9 g/（株·刀）。上述结果说明死皮康复综合技术能明显提高恢复植株的产排胶能力，促进胶乳干胶产量的提高，且复割植株的产能可以持续 2 年以上。

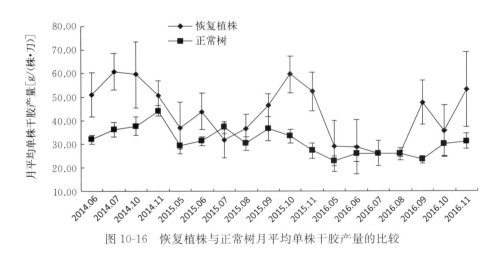

图 10-16 恢复植株与正常树月平均单株干胶产量的比较

从各月恢复植株与正常树平均单株胶乳干含的变化来看，恢复植株各月平均单株胶乳干含均高于正常树。正常树各月干含无明显变化，基本保持稳定，而恢复植株干含变化幅度较正常树大（图 10-18）；从各年份平均单株胶乳干含变化来看，恢复植株各年平均单株胶乳干含均高于正常树，正常树干含各年基本无明显变化，而恢复植株干含有增加趋势（图 10-19）。恢复植株各月和各年份平均单株胶乳干含均高于正常树，这说明死皮植株在死皮康复综合技术处理后乳管产胶能力增强，进一步暗示死皮康复综合技术能恢复死皮树的产胶能力，对橡胶树死皮具有较好的防治效果。

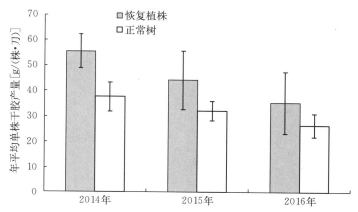

图 10-17　恢复植株与正常树年平均单株干胶产量的比较

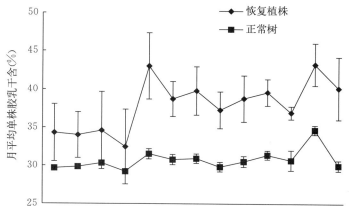

图 10-18　恢复植株与正常树月平均单株胶乳干含的比较

3. 防效与复割的影响因素分析

（1）防效的影响因素。从几年的试验示范看，死皮康复综合技术的防效与品种的敏感性、所在树位管理与割胶背景、胶工技术与个人行为、立地条件以及气候等因素有关。从 2016—2017 年连续 2 年的试验结果来看，热研 8-79 与大丰 95 等早高产品种或早熟品种的死皮防治应采取早期防治的策略，即在死皮发生的越早阶段进行防治，效果越好。典型的晚熟品种（如 93-114）对死皮康复综合技术比较敏感，连续 2 年的示范结果良好。死皮康复综合技术使用

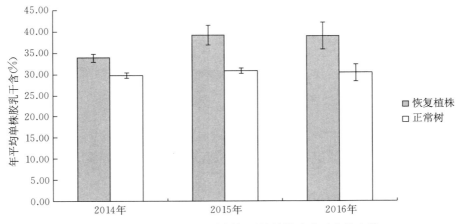

图 10-19　恢复植株与正常树年平均单株胶乳干含的比较

效果可能与橡胶树品种的育种成熟特性（早熟晚熟类型）有关，自然恢复能力越好的品种，死皮康复综合技术叠加的效应也越强，防效越好；胶工技术与个人行为对死皮康复综合技术的防效的影响也较大。强割、超深割胶以及过度刺激是造成死皮的最重要外因，不合理割胶会导致死皮加重，甚至停割，死皮康复综合技术处理需要更长的时间，有些甚至不能恢复；此外，胶园长期疏于管养、胶工频换同样会影响死皮康复综合技术的恢复效果，而自然灾害（台风与寒害等）与立地条件（洼地长期浸水、土壤贫瘠等）也不同程度影响防效。

（2）复割的影响因素。从产量看，山荣分公司示范点的产量最接近同树位正常植株的产量。2016 年年底，对部分未进行复割的处理植株进行观测，发现多数割线症状已经恢复到正常的水平，当时预计 2017 年初会有更多的处理植株复割。但 2017 年初，观测复割植株症状并没有延续去年的结果，测产株数减少。分析原因可能是年初爆发的白粉病对所有植株、特别是复割植株生产有比较大的影响。此外，胶工割胶技术与管养观念对复割植株恢复割胶后的生产可持续性至关重要。3 个测产树位，分别由 3 位胶工割胶。树位 1 胶工割胶技术好，复割 2 年后，复割测产植株保有率高，而树位 2 与树位 3 胶工割胶伤树严重，超深割胶非常明显，割面伤痕累累，对复割植株造成严重损伤，有些在 2017 年初能正常割胶的复割植株，到测产结束时，已经重新死皮甚至停割；广坝分公司测产结果在处理植株与对照植株间没有差异。根据往年测产情况，确定割制由 7 d 1 刀改为 5 d 1 刀，处理植株平均单株产量比去年有明显上升，但仍低于同树位的正常植株产量。原因是因为即使采用 5 d 1 刀割制，如果不进行适当浓度乙烯利刺激，产量也不会达到正常水平；新中分公司示范点测产过程中对复割植株并未采用正常割制割胶，因此产量更低。

由此可见，死皮植株恢复产排胶以后，如何复割相当重要。通过试验与示范，形成一套复割技术指导死皮恢复植株的复割很有必要。

（3）复割建议。死皮树经过死皮康复综合技术处理恢复正常后，建议当年不要割胶，如条件允许，可继续处理一段时间。第二年割胶时，建议刚开始采用 3 天 1 刀或更低频割制，然后逐渐恢复到正常割制。此外，复割过程中不建议涂施刺激剂。

三、橡胶树死皮康复综合技术示范与推广应用

1. 进行推广性示范，建立了推广网络 在云南省景洪市、勐腊县与耿马县孟定镇进行推广性示范，建立示范推广网络。其中，在勐腊县建立了 49 个示范点，在景洪市建立了 10 个示范点，在耿马县孟定镇建立了 8 个示范点（孟定镇民营胶园 4 个、孟定农场 4 个）。在西双版纳（勐腊、景洪）民营胶园示范点，采用橡胶树死皮康复综合技术进行恢复处理后，胶园死皮指数均有不同程度的下降（图 10-20），说明死皮康复综合技术对死皮植株具有良好的恢复效果。通过推广性示范，逐步了解橡胶树死皮康复综合技术应用效果以及针对不同地区、不同品种甚至植株个体的适应性、恢复植株复割效果与可持续性，为推广应用奠定了基础。

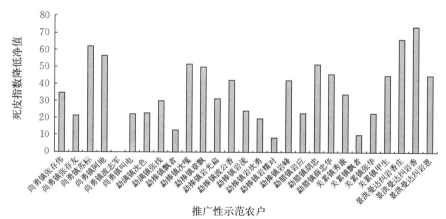

图 10-20 西双版纳（勐腊、景洪）民营部分示范点死皮康复综合技术处理后
死皮指数降低净值

2. 建立了样板型推广点，形成样板型推广点技术标准，规范恢复植株复割技术 针对不同植胶区植胶企业与民营胶园生产与发展特点进行应用与推广，建立样板型推广点，通过技术与效果示范促进产品与技术的推广。同时，在样板型推广点的建立过程中，从选树、施用方法到恢复后复割等进行全程技

术指导，指导推广点胶农形成一套适宜于当地的技术操作标准，作为技术与效果的样板，起到示范与宣传的作用，辐射周边，并从整体上提高区域内橡胶树死皮康复综合技术的防治效果。

在云南省景洪市、勐腊县与耿马县孟定示范推广网络的基础上建立近100个样板型推广点。在海南，除海胶集团广坝分公司、山荣分公司与新中分公司等已有的示范点外，与植胶大户建成500～1 000亩*的民营胶园样板型推广点。在广东，与合作多年的广垦三叶农场建立500亩样板型推广点。这些样板型推广点的建立，是科学地推广和应用橡胶树死皮康复综合技术的基础。一方面，有助于规范市场、保护胶农利益；另一方面，可以充分挖掘胶园潜力，促进胶农增产增收。而最终的目的是希望可以通过科学引导，帮助胶农树立"以防为主，以治为辅"的观念，实现橡胶树死皮的绿色防控。

3. 死皮康复综合技术的推广应用 从2016年起，在海南天然橡胶产业集团股份有限公司广坝分公司、山荣分公司、新中分公司以及阳江分公司等单位推广橡胶树死皮康复综合技术约24万亩，在云南省景洪市与勐腊县民营胶园分别推广应用约8万亩和20万亩。

4. 死皮康复综合技术在老挝的试验与示范 为响应国家"一带一路""走出去"战略号召，扎实推进与老挝在天然橡胶方面的科技交流与合作，帮助当地胶农解决目前在天然橡胶生产中面临的割胶技术差以及死皮发生严重的问题，本研究团队将研发的橡胶树死皮防治安全割胶技术、死皮康复综合技术（死皮康系列产品及配套施用技术）在老挝橡胶园进行试验与示范，从而达到增强胶农割胶技术、降低老挝胶园橡胶树死皮率、提高胶园产量和胶农收入的目的。具体内容主要包括以下3个方面：

（1）技术培训：在老挝南塔省、琅勃拉邦省等，面向技术相对薄弱的胶园和广大个体植胶户，开展多种形式的橡胶树死皮防治安全割胶技术及死皮康复综合技术培训，通过现场观看视频、现场技术讲解及实地操作示范，提高胶农"以防为主、治疗为辅"的意识，增强胶工安全割胶及管理技术，降低橡胶树死皮的发生，提高橡胶树死皮恢复率。

（2）死皮防治安全割胶技术试验与示范：让胶工严格按照安全割胶技术规程进行割胶，观测胶园产量变化及死皮发生情况，建立死皮防治安全割胶技术示范胶园。

（3）死皮康复综合技术试验与示范：对胶园死皮情况进行调查，记录死皮植株割面症状（死皮长度、排胶情况），采用橡胶树死皮康复综合技术处理死皮植株3～6个月，定期观测死皮植株的恢复情况，记录割面症状的变化。对

---

* 亩为非法定计量单位，1亩=1/15 hm^2。——编者注

死皮恢复数据进行整理和分析，综合评价死皮康复综合技术试验示范效果，建立死皮康复综合技术示范胶园。

2019—2021 年，在老挝乌多姆赛省农林厅及老挝乌多姆赛省益农农业进出口发展有限公司（以下简称"益农公司"）的大力支持和协助下，在乌多姆赛省、南塔省和琅勃拉邦省开展了死皮防治安全割胶技术及死皮康复综合技术培训，通过现场讲解及实地操作示范的方式，提升了胶农的割胶技术水平，得到了胶农的认可。同时在乌多姆赛省孟赛市环城路建立安全割胶及死皮康复综合技术示范胶园，示范效果良好，具体工作成效如下：

（1）死皮防治安全割胶技术及死皮康复综合技术培训。老挝于 19 世纪 30 年代开始种植橡胶树，目前橡胶种植业的发展非常迅速，在老挝北部、中部、南部均分布着橡胶园。总体来看，老挝胶园的管理水平落后，割胶技术较差，树体损伤较多，死皮发生严重。因此，亟须注入先进割胶技术以及死皮防治新技术促进橡胶种植业与生产的发展。

2019 年，与老挝乌多姆赛省农林厅、乌多姆赛益农农业进出口发展有限公司代表进行座谈、交流。在老挝益农公司试验基地开展了橡胶树死皮防治安全割胶技术、死皮康复综合技术培训会。参与技术培训的人员包括老挝乌多姆赛农林厅等各政府部门官员、农林厅试验基地工人、益农公司工作人员及周边农户，培训会由农林厅副厅长及中方代表共同主持。中方技术人员向参与培训的人员详细介绍了两方面的内容：一是死皮康复综合技术的内容，包括死皮康系列产品的具体配制与施用方法、死皮恢复后割胶注意事项以及该项技术目前的示范推广情况和已取得的相关科研成果；二是死皮防治安全割胶技术内容，包括割胶技术的基本要求和要领，中低线、高线和阴线的割胶操作以及磨刀技术等。培训会结束后，技术人员还在室外对参与培训人员进一步开展实践操作示范与指导，让胶农掌握割胶技术要领和死皮康复系列产品的使用方法，并将制作的老挝文《橡胶树死皮防控技术手册》发放给老挝乌多姆赛省当地农民及农林厅。对割胶技术及死皮康产品使用方面存在的问题进行纠错和指导，同时与参加培训人员进行深入交流，耐心解答他们提出的相关问题。

2020—2021 年，分别在老挝南塔省和琅勃拉邦省对胶农开展了橡胶树安全割胶及死皮康复综合技术培训，培训胶农共计三百余人。南塔省培训地点主要包括 5 个村（南园村、哈腰村、那内村、巴山村和后边村）；琅勃拉邦省主要包括南坝县 5 个村（南通村、化纳村、鹏马尼村、鹏沙万村和巴孟力村）。通过两年的橡胶树死皮防治安全割胶及死皮康复综合技术培训，当地胶工的割胶技术水平显著提升，伤树情况明显减少。

（2）示范胶园建设。

① 示范胶园试验布置。示范胶园位于乌多姆赛省孟赛市附近，经度 101°58′，

纬度 20°41′，海拔 625 m。该林地土壤类型为砖红壤，橡胶树品种为 GT1，株行距为 5 m×7.5 m。2008 年定植，2016 年开割，割龄 3 年，割制为 S/2 d2，不刺激、不施肥。林地面积约 60 亩，总株数 1 800 株，2019 年开割株数 1 500 株（2020 年全部开割），年产干胶约 5 t。在示范胶园，对周边农户及示范胶园胶工进行了安全割胶技术和死皮康使用演示，并重点指导示范胶园胶工，通过进一步的沟通和指导，示范胶园胶工能熟练掌握这些技术，具备开展安全割胶和死皮防治的能力。培训结束后，给示范胶园胶工发放试验所用到的相关物资，包括胶刀、胶灯、磨刀石、防雨帽、喷壶、刷子以及死皮康复营养剂等。

② 示范胶园试验进展情况调查。经过前期系统的死皮防治和安全割胶技术培训后，胶工割胶技术水平得到明显提升，示范胶园割胶伤树情况明显减少，树体基本上没有出现大的伤口，下收刀整齐，割胶深度适宜，整体割面恢复良好。同时，在试验胶园橡胶树加装防雨帽后，割胶刀次明显增加，产量总体上有较大的提升，由原来的年平均单株产量约 2.4 kg 增加到 2.7 kg，年增产达 450 kg，按 10 元/kg 计算，年增加产值约 4 500 元。

调查发现，示范胶园有轻度死皮（3 级以下）植株共计 34 株，重度死皮（3 级以上）植株共计 17 株。轻度死皮植株经死皮康（轻度防治）处理 3～4 次即大概 1 个月后，所有植株全部恢复产排胶，死皮恢复率为 100%，且开始正常割胶。重度死皮植株经死皮康组合制剂处理 7～8 次，即大概两个月后，有 10 株恢复产排胶，死皮恢复率达 58.8%。

5. 形成一套"以防为主，治疗为辅"的橡胶树死皮安全割胶技术科技服务宣传材料，进一步完善了橡胶树死皮康复综合技术　以科学的割面规划为基础，总结生产经验，针对生产中出现的不同死皮状况，进行合理的割面调整也是割面规划的一部分，并总结相关安全割胶技术，对于减轻橡胶树死皮症状和降低死皮发生具有积极意义。制作发行《橡胶树死皮植株割面规划与调整》（ISBN：978-7-88511-383-4）与《橡胶树死皮防治安全割胶技术》（ISBN：978-7-88511-421-3）的技术培训光碟，并出版《橡胶树死皮防治技术手册》，面向技术相对薄弱的民营胶园和广大个体植胶户进行技术普及，有效提升了胶工安全割胶意识，提高了割胶技术，降低了橡胶树死皮发生。

主 要 参 考 文 献

敖硕昌，陈瑞辉，1984. 西双版纳垦区胶树死皮情况及防治意见 [J]. 热带农业科学（2）：
　4-7.

敖硕昌，赵淑娟，何长贵，1994. 橡胶树高产生理基础研究Ⅰ. 胶乳生理和排胶特性的研究
　[J]. 云南热作科技，17（3）：6-10.

蔡磊，校现周，2000. 橡胶树乳管细胞内活性氧的产生与清除 [J]. 华南热带农业大学学
　报，6（1）：31-34.

曹建华，蒋菊生，杨怀，等，2008. 不同割制对橡胶树胶乳矿质养分流失的影响 [J]. 生态
　学报，28（6）：2563-2570.

陈春柳，闫洁，邓治，等，2010. 橡胶树死皮橡胶粒子膜蛋白差异分析与初步鉴定 [J]. 中
　国农学通报，26（5）：304-308.

陈军文，曹坤芳，2008. 三叶橡胶光合作用能力和抗氧化系统以及单萜类物质对茉莉酸的
　响应 [J]. 植物研究，28（1）：47-53.

陈慕容，黄庆春，罗大全，等，1993. 华南五省（区）橡胶树褐皮病发生规律调查报告
　[J]. 热带作物研究（3）：10-14.

陈慕容，黄庆春，叶沙冰，等，1992. "保01" 防治橡胶树褐皮病及其作用机理的研究 [J].
　热带作物研究（1）：30-37.

陈慕容，罗大全，许来玉，等，2000. 橡胶树褐皮病皮接传染研究 [J]. 热带作物学报，21
　（3）：15-20.

陈慕容，郑冠标，1998. 橡胶树褐皮病防治药剂：97121908.7 [P].5-20.

陈守才，邓治，陈春柳，等，2010. 一种防治橡胶树死皮病的复合制剂及其制备方法：
　200810183285.1 [P].6-23.

陈玉才，王国烘，何向东，等，1988. 螯合稀土钼（CRM）对橡胶产量效应及应用技术的
　研究 [J]. 热带作物研究（3）：1-6.

程成，史敏晶，田维敏，2012. 巴西橡胶树胶乳中黄色体破裂指数测定方法的优化 [J]. 热
　带作物学报，33（7）：1197-1203.

邓治，刘辉，王岳坤，等，2014. 橡胶树胞质型谷胱甘肽还原酶基因的克隆与表达分析
　[J]. 植物生理学报，50（11）：1699-1706.

邓治，刘辉，杨洪，等，2018. 巴西橡胶树 ADF6 基因的克隆与表达分析 [J]. 热带作物学
　报，39（5）：900-905.

段翠芳，曾日中，黎瑜，2004. 激素对巴西橡胶树橡胶生物合成的调控 [J]. 热带农业科
　学，10（5）：61-67.

段翠芳，聂智毅，曾日中，2006. 橡胶粒子膜蛋白双向电泳体系的建立和质谱初步分析 [J]. 热带作物学报，27（3）：22-29.

范思伟，杨少琼，1995. 强割和排胶过度引起的死皮是一种特殊的局部衰老病害 [J]. 热带作物学报，16（2）：15-22.

冯永堂，2010. 一种用于治疗橡胶树死皮病的组合物：201010232889.8 [P].11-24.

宫维嘉，金赞敏，王长海，2006. 海水胁迫下库拉索芦荟南盐 1 号抗氧化酶活力的变化 [J]. 江苏农业科学（6）：348-350.

广东省海南农垦局生产处，1984. 用开沟隔离法控制胶树褐皮病扩展试验总结 [J]. 热带作物研究（2）：1-3.

郭秀丽，孙亮，胡义钰，等，2016. 巴西橡胶树不同死皮程度植株的胶乳生理参数分析 [J]. 南方农业学报，47（9）：1553-1557.

郝秉中，吴继林，谭海燕，1996. 橡胶树乳管切割后的堵塞研究 [J]. 热带作物学报，17（1）：1-6.

郝秉中，吴继林，1993. 褐皮病橡胶树休割期病害径向扩展的超微结构研究 [J]. 热带作物学报，14（2）：47-51.

何晶，冯成天，郭秀丽，等，2018. 高浓度乙烯利刺激诱导橡胶树死皮发生过程中的胶乳生理研究 [J]. 西北林学院学报，33（2）：123-128.

胡彦，黄天明，2015. 一种防治橡胶树死皮的药剂的制备方法：201410495813.2 [P].1-21.

黄德宝，秦云霞，唐朝荣，2010. 橡胶树三个品系（热研 8-79、热研 7-33-97 和 PR107）胶乳生理参数的比较研究 [J]. 热带亚热带植物学报，18（2）：170-175.

黄志全，2019. 橡胶树超低频六天一刀割制试验研究 [J]. 基层农技推广，7（8）：23-25.

蒋桂芝，白旭华，杨焱，等，2013. 橡胶树死皮病药剂防治试验小结 [J]. 热带农业科技，36（4）：3-5，17.

蒋桂芝，杨焱，苏海鹏，等，2009. 西双版纳橡胶树死皮病症状调查 [J]. 热带农业科技，32（2）：1-13.

黎仕聪，林钊沐，钟起兴，等，1984. 橡胶树褐皮病的防治 [J]. 热带作物研究（2）：10-18.

李艺坚，刘进平，2014.3 个巴西橡胶树品种的死皮病调查 [J]. 热带农业科学，34（11）：58-65.

李智全，梁国宏，潘居清，2000. 中幼龄橡胶开割树死皮病综合防治生产型试验 [J]. 热带农业科学（5）：1-7.

梁根弟，罗春青，1994. 一种治疗橡胶树死皮复活剂的制造方法：93107276.X [P].12-28.

梁尚朴，1992. 不同产胶潜力胶树排胶过程中胶乳糖和干胶含量的变化 [J]. 热带作物研究（3）：7-11.

梁尚朴，1990. 赤霉素和生长素防治橡胶树死皮病的效果及对死皮病成因的看法 [J]. 热带作物研究（3）：25-28.

林运萍，陈兵，麦全法，等，2009. 橡胶树死皮防治试验 [J]. 中国热带农业（4）：40-41.

刘昌芬，龙继明，何海宁，等，2008. 植物源药物治疗橡胶树死皮病试验初报 [J]. 热带农业科技，31（4）：19-20，24.

柳春梅，吕鹤书，2014. 生氰糖苷类物质的结构和代谢途径研究进展［J］. 天然产物研究与
　　开发，26（2）：294-299.

刘辉，胡义钰，冯成天，等，2021. 乙烯利过度刺激诱发橡胶树死皮的生理效应［J］. 林业
　　科学，57（6）：46-55.

刘志昕，郑学勤，2002. 橡胶树死皮病的发生机理和假说［J］. 生命科学研究，6（1）：82-85.

龙翔宇，王岳坤，秦云霞，等，2014. 橡胶树热研 2-73×PB5/51 F＿1 群体胶乳生理参数
　　的比较及聚类分析［J］. 西北农林科技大学学报（自然科学版），42（2）：65-71.

卢亚莉，张世鑫，王真辉，等，2021. 巴西橡胶树 RY7-33-97 不同级别死皮树皮结构分析
　　［J］. 热带作物学报，42（7）：1918-1924.

莫业勇，杨琳，2020. 2019 年国内外天然橡胶产销形势［J］. 中国热带农业（2）：8-12.

覃碧，刘向红，邓治，等，2012. 利用 oligo 芯片技术鉴定橡胶树死皮相关基因［J］. 热带
　　作物学报，33（2）：296-301.

仇键，校现周，高宏华，等，2020. 中龄 PR107 和热研 7-33-97 橡胶树"六天一刀"割制的
　　刺激技术及适应性研究初报［J］. 热带作物学报，41（3）：474-481.

任建国，2013. 一种防治橡胶树死皮病的制剂及其制备方法和应用：201210528962.5［P］.
　　4-03.

宋泽兴，张长寿，2004. 药剂防治橡胶树外褐型死皮病试验［J］. 热带农业科技，27（2）：
　　10-11，9.

苏海鹏，龙继明，罗大全，等，2011. 云南橡胶树死皮病发生现状及田间分布研究［J］. 云
　　南农业大学学报（自然科学版），26（5）：616-620.

谭德冠，姚庆收，张伟算，等，2004. 10 个橡胶树新品系幼龄试割期间生理参数的分析与
　　比较［J］. 热带农业科学，24（1）：1-6.

田维敏，史敏晶，谭海燕，等，2015. 橡胶树树皮结构与发育［M］. 北京：科学出版社.

王承绪，1984. 橡胶树褐皮病的研究报告［J］. 热带作物研究（2）：22-30.

王岳坤，阳江华，秦云霞，2014. PR107 两种割胶制度胶乳生理参数的季节变化［J］. 热带
　　作物学报，35（3）：419-424.

王真辉，胡义钰，袁坤，等，2014a. 一种橡胶树死皮防治涂施药剂及其制备方法：
　　201410265022.0［P］.8-27.

王真辉，袁坤，陈邦乾，等，2014b. 中国主要植胶区橡胶树死皮发生现状及田间分布形式
　　研究［J］. 热带农业科学，34（11）：66-70.

王真辉，袁坤，谢贵水，等，2014. 一种橡胶树死皮康复营养液：ZL201310554320.7［P］.
　　4-9.

位明明，李维国，高新生，等，2016. 巴西橡胶树响应乙烯利刺激的生理及其分子调控机
　　制研究进展［J］. 生物技术通报，32（3）：1-11.

魏芳，罗世巧，仇键，等，2012. 橡胶树胶乳中硫醇功能以及模式植物中硫醇合成途径研
　　究进展［J］. 热带农业科学，32（8）：12-17.

温广军，何开礼，1999. "保01"防治橡胶树褐皮病的效果与增产效益［J］. 热带农业科学
　　（3）：1-3.

吴继林，谭海燕，郝秉中，2008. 乙烯利过度刺激采胶诱导巴西橡胶树割面干涸病的研究
　　［J］. 热带作物学报，29（1）：1-9.

吴嘉涟，2005. 橡胶树的"死皮"［J］. 海南农垦科技，6：26-33.

吴明，杨文凤，校现周，等，2015. 橡胶树胶木兼优品种热垦523生理特性研究［J］. 西南
　　农业学报，28（3）：1052-1056.

校现周，蔡磊，2003. 乙烯利刺激对橡胶树乳管细胞活性氧代谢的影响［J］. 热带作物学
　　报，24（1）：1-7.

校现周，1996. 橡胶胶乳中R-SH的生理作用［J］. 热带作物研究（3）：5-9.

肖再云，校现周，2009. 巴西橡胶树胶乳生理诊断的研究与应用［J］. 热带农业科技，32
　　（2）：46-50.

许闻献，1984. 国外橡胶树死皮生理学研究简况［J］. 热带作物研究（2）：38-42.

许闻献，魏小弟，校现周，等，1995. 刺激割胶制度对橡胶树死皮病发生的生理效应［J］.
　　热带作物学报，16（2）：9-14.

许闻献，校现周，1988. 橡胶死皮树过氧化物酶同工酶和超氧化物歧化酶同工酶的研究
　　［J］. 热带作物学报，9（1）：31-36.

闫洁，陈守才，夏志辉，2008b. 橡胶树死皮病胶乳C-乳清差异表达蛋白质的筛选与鉴定
　　［J］. 中国生物工程杂志，28（6）：28-36.

闫洁，陈守才，2008a. 橡胶树死皮病黄色体蛋白质组差异分析与初步鉴定［J］. 湖北农业
　　科学，47（8）：858-862.

杨少琼，何宝玲，1989. 橡胶树乳管系统功能的胶乳诊断Ⅰ. 硫醇含量的测定［J］. 热带作
　　物研究（1）：65-68.

杨少琼，莫业勇，范思伟，1995. 台风对橡胶树的影响——一级风害树的生理学和排胶不
　　正常现象［J］. 热带作物学报，16（1）：17-28.

杨少琼，熊涓涓，1989. 橡胶树乳管系统功能的胶乳诊断Ⅱ. 黄色体破裂指数的测定［J］.
　　热带作物研究（1）：68-71.

杨少琼，熊涓涓，莫业勇，等，1993. 螯合稀土钼微肥对巴西橡胶胶乳的几种酶活性的影
　　响［J］. 热带作物学报（2）：39-45.

杨文凤，刘汉文，吴明，等，2017. 不同浓度乙烯利刺激割胶对大丰95产量及生理参数的
　　影响［J］. 南方农业学报，48（11）：2052-2057.

喻修道，王真辉，袁坤，等，2011. 橡胶树铜转运蛋白基因的克隆及在健康树与死皮树中
　　的差异表达［J］. 热带作物学报，32（8）：1488-1493.

袁坤，白先权，冯成天，等，2017. 死皮康复营养剂恢复橡胶树热研7-33-97死皮植株产胶
　　能力的效果分析［J］. 热带作物学报，38（7）：1253-1259.

袁坤，王真辉，周雪梅，等，2014a. iTRAQ结合2D LC-MS/MS技术鉴定健康和死皮橡胶
　　树胶乳差异表达蛋白［J］. 江西农业大学学报，36（3）：650-655.

袁坤，谢贵水，杨礼富，等，2013. 不同药剂处理对橡胶树死皮和产量的影响 [J]. 西南农业学报，26（4）：1524-1526.

袁坤，徐智娟，王真辉，等，2012. 橡胶树胶乳死皮相关蛋白的鉴定及分析 [J]. 西北林学院学报，27（6）：105-109.

袁坤，杨礼富，陈帮乾，等，2016. 海南植胶区橡胶树死皮发生现状分析 [J]. 西北林学院学报，31（1）：176-179.

袁坤，周雪梅，王真辉，等，2014b. 橡胶树胶乳橡胶粒子死皮相关蛋白的鉴定及分析 [J]. 南京林业大学学报（自然科学版），38（1）：36-40.

袁坤，周雪梅，李建辉，等，2011. 死皮防治剂对死皮橡胶树胶乳生理的影响 [J]. 湖北农业科学，50（17）：3570-3572.

张福城，陈守才，2006. 巴西橡胶树天然橡胶生物合成中关键酶及相关基因研究进展 [J]. 热带农业科学，26（1）：42-46.

郑冠标，陈慕容，杨绍华，等，1988. 橡胶树褐皮病的病因及其防治研究 [J]. 华南农业大学学报，9（2）：22-23.

周立军，安锋，王纪坤，等，2020. 不同种植形式橡胶树生长和产量比较研究 [J]. 热带农业科学，40（10）：7-11.

朱德明，王进，孔令学，等，2012. 茶树油处理割线对天然橡胶产量及胶乳生理的影响 [J]. 浙江农林大学学报，29（4）：546-550.

朱家红，张全琪，张治礼，2010. 乙烯利刺激橡胶树增产及其分子生物学基础 [J]. 植物生理学通讯，46（1）：87-93.

庄海燕，安锋，张硕新，等，2010. 乙烯利刺激橡胶树增产机制研究进展 [J]. 林业科学，46（7）：120-125.

周敏，胡义钰，李芹，等，2019. 死皮康复营养剂对橡胶树死皮的应用效果 [J]. 热带农业科学，39（2）：56-60.

周敏，王真辉，李芹，等，2016. 橡胶树死皮防控试验 [J]. 热带农业科学，36（12）：52-55.

周雪梅，杨礼富，王真辉，等，2012a. 橡胶树胶乳 C-乳清死皮相关蛋白的鉴定及分析 [J]. 南京林业大学学报（自然科学版），36（5）：37-41.

周雪梅，杨礼富，王真辉，等，2012b. 橡胶树胶乳黄色体死皮相关蛋白的鉴定及分析 [J]. 西南农业学报，25（6）：2093-2097.

AMIOLA R O, ADEMAKINWA A N, AYINLA Z A, et al., 2018. Purification and biochemical characterization of a β-cyanoalanine synthase expressed in germinating seeds of *Sorghum bicolor* (L.) moench [J]. Turkish Journal of Biochemistry, 43 (6): 638-650.

APEL K, HIRT H, 2004. Reactive oxygen species: metabolism, oxidative stress, and signal transduction [J]. Annual Review of Plant Biology, 55 (1): 373-399.

ASHWELL G, 1957. Colorimetric analysis of sugars [J]. Methods in Enzymology (3): 73-105.

AUZAC J, JACOB J L, PRÉVÔT J C, et al., 1997. The regulation of cis-polyisoprene production (natural rubber) from *Hevea brasiliensis* [J]. Recent Research Developments in Plant Physiology (1): 273-332.

BANDYOPADHYAY S, GAMA F, MOLINA-NAVARRO M M, et al., 2008. Chloroplast monothiol glutaredoxins as scaffold proteins for the assembly and delivery of [2Fe-2S] clusters [J]. The EMBO Journal, 27 (7): 1122-1133.

BARTEL D P, 2004. MicroRNAs: genomics, biogenesis, mechanism, and function [J]. Cell, 116 (2): 281-297.

BEALING F J, CHUA S E, 1972. Output, composition and metabolic activity of *Hevea* latex in relation to tapping intensity and the onset of brown bast [J]. Journal of the Rubber Research Institute of Malaysia, 23 (3): 204-231.

BEERE H M, WOLF B B, CAIN K, et al., 2000. Heat-shock protein 70 inhibits apoptosis by preventing recruitment of procaspase-9 to the Apaf-1 apoptosome [J]. Nature Cell Biology, 2 (8): 469-475.

BHATIA A, 1994. Cell wall protein and tapping panel dryness syndrom in rubber (*Hevea brasiliensis*) [J]. India Journal of Nature Rubber Research, 7: 59-62.

BINDSCHEDLER L V, DEWDNEY J, BLEE K A, et al., 2006. Peroxidase-dependent apoplastic oxidative burst in *Arabidopsis* required for pathogen resistance [J]. Plant Journal, 47 (6): 851-863.

BOMMER U A, THIELE B J, 2004. The translationally controlled tumour protein (TCTP) [J]. International Journal of Biochemistry and Cell Biology, 36 (3): 379-385.

BONNET E, HE Y, BILLIAU K, et al., 2010. TAPIR, a web server for the prediction of plant microRNA targets, including target mimics [J]. Bioinformatics, 26 (12): 1566-1568.

CAMEJO D, GUZMÁN-CEDEÑO Á, MORENO A, 2016. Reactive oxygen species, essential molecules, during plant-pathogen interactions [J]. Plant Physiology and Biochemistry, 103: 10-23.

CARDOSA M J, HAMID S B, Sunderasan E, et al., 1994. B-serum is highly immunogenic when compared to C-serum using enzyme immunoasssys [J]. Journal of Nature Rubber Research, 9: 205-211.

CHAO J, ZHANG S, CHEN Y, et al., 2015. Cloning, heterologous expression and characterization of ascorbate peroxidase (APX) gene in laticifer cells of rubber tree (*Hevea brasiliensis* Muell. Arg.) [J]. Plant Physiology and Biochemistry, 97: 331-338.

CHEN S, PENG S, HUANG G, et al., 2003. Association of decreased expression of a Myb transcription factor with the TPD (tapping panel dryness) syndrome in *Hevea brasiliensis* [J]. Plant Molecular Biology, 51 (1): 51-58.

CHENG N H, 2008. *AtGRX4*, an *Arabidopsis* chloroplastic monothiol glutaredoxin, is able to suppress yeast *grx5* mutant phenotypes and respond to oxidative stress [J]. FEBS Letters, 582 (6): 848-854.

CHENG N H, LIU J Z, LIU X, et al. , 2011. *Arabidopsis* monothiol glutaredoxin, *At-GRXS17*, is critical for temperature-dependent postembryonic growth and development via modulating auxin response [J]. Journal of Biological Chemistry, 286 (23): 20398-20406.

CHEW O, WHELAN J, MILLAR A H, 2003. Molecular definition of the ascorbate-glutathione cycle in *Arabidopsis* mitochondria reveals dual targeting of antioxidant defenses in plants [J]. Journal of Biological Chemistry, 278 (47): 46869-46877.

CHOUDHURY F K, RIVERO R M, BLUMWALD E, et al. , 2017. Reactive oxygen species, abiotic stress and stress combination [J]. Plant Journal, 90 (5): 856-867.

CHOUDHURY S, PANDA P, SAHOO L, et al. , 2013. Reactive oxygen species signaling in plants under abiotic stress [J]. Plant Signaling and Behavior, 8 (4): e23681.

CHRESTIN H, SOOKMARK U, TROUSLOT P, et al. , 2004. Rubber tree (*Hevea brasiliensis*) bark necrosis syndrome 3: A physiological disease linked to impaired cyanide metabolism [J]. Plant Disease, 88 (9): 1047-1047.

CHUA S E, 1967. Physiological changes in *Hevea* trees under intensive tapping [J]. Journal of the Rubber Research Institute of Malaysia, 20 (2): 100-105.

CORNISH K, WOOD D, WINDLE J J, 1999. Rubber particles from four different spiecies, examined by transmissiom electron microscopy and electron-paramage-netic-resonance spin labeling, are found to consist of a homogeneous rubber core enclosed by a contiguous, monolayer biomembrane [J]. Planta, 210 (1): 85-96.

CORNISH K, 2001. Similarities and differences in rubber biochemistry among plant species [J]. Phytochemistry, 57 (7): 1123-1134.

CUI C, WANG J J, ZHAO J H, et al. , 2020. A *Brassica* miRNA regulates plant growth and immunity through distinct modes of action [J]. Molecular Plant, 13 (2): 231-245.

DAI X, ZHUANG Z, ZHAO P X, 2018. psRNATarget: a plant small RNA target analysis server (2017 release) [J]. Nucleic Acids Research, 46 (W1): W49-W54.

DAS G, RAJ S, POTHEN J, et al. , 1998. Status of free radical and its scavenging system with stimulation in *Hevea brasiliensis* [J]. Plant Physiology and Biochemistry, 25 (1): 47-50.

D' AUZAC J, CHRESTIN L, 1986. Study of an NADH-quinone-reductase producing toxic oxygen from Hevea latex [C]. International Rubber Conference, Kuala Lumper, Malaysia.

D'AUZAC J, JACOB J L, PRÉVÔT J C, et al. , 1997. The regulation of cis-polyisoprene production [J]. Present Research Plant Physiology, 1: 273-331.

DE FAÿ E, 2011. Histo-and cytopathology of trunk phloem necrosis, a form of rubber tree (*Hevea brasiliensis* Müll. Arg.) tapping panel dryness [J]. Australian Journal of Botany, 59: 563-574.

DENG Z, ZHAO M, LIU H, et al. , 2015. Molecular cloning, expression profiles and characterization of a glutathione reductase in *Hevea brasiliensis* [J]. Plant Physiology and

Biochemistry，96：53-63.

ESCHBACH J M，ROUSSEL D，VAN DE SYPE H，et al.，1984. Relationship between yield and clonal physiologicalcharacteristics of latex from *Hevea brasiliensis* [J]. Physiologie Vegetale，22（3）：295-304.

FARIDAH Y，SITI ARIJA M，GHANDIMATHI H，1996. Changes in some physiological latex parameters in relation to over exploitation and onset of induced tapping panel dryness [J]. Journal Nature Rubber Research，10：182-186.

FAROOQ M A，GILL R A，ISLAM F，et al.，2016. Methyl jasmonate regulates antioxidant defense and suppresses arsenic uptake in *Brassica napus* L. [J]. Frontiers in Plant Science，7：468.

FREY-WYSSLING A，1932. Investigation on the dilution reaction and the movement of the latex of *Hevea brasiliensis* during tapping [J]. Archive of Rubber Cultivation，16：285.

GARCíA I，JOSé-MARíA C，BLANCA V，et al.，2010. Mitochondrial β-cyanoalanine synthase is essential for root hair formation in *Arabidopsis thaliana* [J]. Plant Cell，22（10）：3268-3279.

GARCIA I，ROSAS T，BEJARANO E R，et al.，2013. Transient transcriptional regulation of the *CYS-C1* gene and cyanide accumulation upon pathogen infection in the plant immune response [J]. Plant Physiology，162（4）：2015-2027.

GARG R，JHANWAR S，TYAGI A K，et al.，2010. Genome-wide survey and expression analysis suggest diverse roles of glutaredoxin gene family members during development and response to various stimuli in rice [J]. DNA Research，17（6）：353-367.

GéBELIN V，LECLERCQ J，KUSWANHADI，et al.，2013. The small RNA profile in latex from *Hevea brasiliensis* trees is affected by tapping panel dryness [J]. Tree Physiology，33（10）：1084-1098.

GIDROL X，CHRESTIN H，TAN H L，et al.，1994. Hevein, a lectin-like protein from *Hevea brasiliensis*（rubber tree）is involved in the coagulation of latex [J]. Journal of Biological Chemistry，269（12）：9278-9283.

GILL S S，TUTEJA N，2010. Reactive oxygen species and antioxidant machinery in abiotic stress tolerance in crop plants [J]. Plant Physiology and Biochemistry，48（12）：909-930.

GNANASEKAR M，THIRUGNANAM S，ZHENG G，et al.，2009. Gene silencing of translationally controlled tumor protein（TCTP）by siRNA inhibits cell growth and induces apoptosis of human prostate cancer cells [J]. International Journal of Oncology，34（5）：1241-1246.

GOHET E，KOUADIO D，PERVOT J C，et al.，1997. Relation between clone type，latex sucrose content and the occurrence of tapping panel dryness in *Hevea brasiliensis* [C]. IRRDB Tapping Panel Dryness Workshop，CATAS，Hainan，China.

GRIFFITHS-JONES S，GROCOCK R J，VAN DONGEN S，et al.，2006. miRBase：microRNA sequences, targets and gene nomenclature [J]. Nucleic Acids Research, 34: D140-D144.

HAO B J, WU J L, 1993. Ultrastructure of laticifers in drying bark induced by over-exploitation of *Hevea brasiliensis* with ethephon [J]. Journal of Natural Rubber Research, 8 (4): 286-292.

HAO B Z, WU J L, 2000. Laticifer differentiation in *Hevea brasiliensis*: induction by exogenous jasmonic acid and linolenic acid [J]. Annals of Botany, 85 (1): 37-43.

HERRERA-VáSQUEZ, A, CARVALLO L, BLANCO F, et al., 2015. Transcriptional control of glutaredoxin *GRXC9* expression by a salicylic acid-dependent and NPR1-Independent pathway in *Arabidopsis* [J]. Plant Molecular Biology Reporter, 33 (3): 624-637.

HIRAGA S, SASAKI K, ITO H, et al., 2001. A large family of class III plant peroxidases [J]. Plant and Cell Physiology, 42 (5): 462-468.

HONG L, TANG D, ZHU K, et al., 2012. Somatic and reproductive cell development in rice anther is regulated by a putative glutaredoxin [J]. Plant Cell, 24 (2): 577-588.

HOU J, XU H, FAN D, et al., 2020. MiR319a-targeted PtoTCP20 regulates secondary growth via interactions with PtoWOX4 and PtoWND6 in *Populus tomentosa* [J]. New Phytologist, 228 (4): 1354-1368.

HU Y, JIANG Y, HAN X, et al., 2017. Jasmonate regulates leaf senescence and tolerance to cold stress: crosstalk with other phytohormones [J]. Journal of Experimental Botany, 68 (6): 1361-1369.

JACOB J L, PREVOT J C, ROUSSEL D, et al., 1989. Yield-limiting factors, latex physiological parameters, latex diagnosis, and clonal typology [M]. In: D'AUZAC J, JACOB J L, CHRESTIN H (eds). Physiology of Rubber Tree Latex. CRC Press, 345-382.

JIANG N, CUI J, HOU X, et al., 2020. Sl-lncRNA15492 interacts with Sl-miR482a and affects *Solanum lycopersicum* immunity against *Phytophthora infestans* [J]. Plant Journal, 103 (4): 1561-1574.

JOST R, BERKOWITZ O, WIRTZ M, et al., 2000. Genomic and functional characterization of the oas gene family encoding O-acetylserine (thiol) lyases, enzymes catalyzing the final step in cysteine biosynthesis in *Arabidopsis thaliana* [J]. Gene, 253 (2): 237-247.

KAWAOKA A, MATSUNAGA E, ENDO S, et al., 2003. Ectopic expression of a horseradish peroxidase enhances growth rate and increases oxidative stress resistance in hybrid aspen [J]. Plant Physiology, 132 (3): 1177-1185.

KEUCHENIUS P E, 1924. Consideration on brown bast disease of rubber [J]. Archive of Rubber Cultivation, 8: 803-816.

KINDGREN P, ARD R, IVANOV M, et al., 2018. Transcriptional read-through of the long non-coding RNA SVALKA governs plant cold acclimation [J]. Nature Communications，9（1）：4561.

KONG L，ZHANG Y，YE Z Q，et al.，2007. CPC：assess the protein-coding potential of transcripts using sequence features and support vector machine ［J］. Nucleic Acids Research，35：W345-W349.

KONGSAWADWORAKUL P，VIBOONJUN U，ROMRUENSUKHAROM P，et al.，2009. The leaf，inner bark and latex cyanide potential of *Hevea brasiliensis*：Evidence for involvement of cyanogenic glucosides in rubber yield ［J］. Phytochemistry，70（6）：730-739.

KRISHNAKUMAR R，AMBILY P K，JACOB J，2014. Plant hormones and oxidative stress in *Hevea brasiliensis* ［J］. Journal of Plantation Crops，42（1）：86-93.

LACROTTE R，VICHITCHOLCHAI N，CHRESTIN H，et al.，1997. Protein markers linked to the Tapping Panel Dryness（TPD）of *Hevea brasiliensis* ［C］. IRRDB Tapping Panel Dryness Workshop，CATAS，Hainan，China，56-61.

LAPORTE D，OLATE E，SALINAS P，et al.，2012. Glutaredoxin *GRXS13* plays a key role in protection against photooxidative stress in *Arabidopsis* ［J］. Journal of Experimental Botany，63（1）：503-515.

LECLERCQ J，MARTIN F，SANIER C，et al.，2012. Overexpression of a cytosolic isoform of the *HbCuZnSOD* gene in *Hevea brasiliensis* changes its response to a water deficit ［J］. Plant Molecular Biology，80（3）：255-272.

LEE J，KIM H，PARK SG，et al.，2021. Brassinosteroid-BZR1/2-WAT1module determines the high level of auxin signalling in vascular cambium during wood formation ［J］. New Phytologist，230（4）：1503-1516.

LIANG W S，2003. Drought stress increases both cyanogenesis and β-cyanoalanine synthase activity in tobacco ［J］. Plant Science，165（5）：1109-1115.

LI C Y，LEE J S，KO Y G，et al.，2000. Heat shock protein 70 inhibits apoptosis downstream of cytochrome c release and upstream of caspase-3 activation ［J］. Journal of Biological Chemistry，275（33）：25665-5671.

LI C，ZHU S，ZHANG H，et al.，2017. OsLBD37 and OsLBD38，two class II type LBD proteins，are involved in the regulation of heading date by controlling the expression of *Ehd1* in rice ［J］. Biochemical and Biophysical Research Communications，486（3）：720-725.

LI D，DENG Z，CHEN C，et al.，2010. Identification and characterization of genes associated with tapping panel dryness from *Hevea brasiliensis* latex using suppression subtractive hybridization ［J］. BMC Plant Biology，10：140.

LI D，WU S，DAI L，2020. Current progress in transcriptomics and proteomics of latex physiology and metabolism in the *Hevea brasiliensis* rubber tree ［M］. // MATSUI M，CHOW K S. The rubber tree genome，Springer Press. Hoboken.

LI D，WANG X，DENG Z，et al.，2016. Transcriptome analyses reveal molecular mechanism underlying tapping panel dryness of rubber tree (*Hevea brasiliensis*) [J]. Scientific Reports，6：23540.

LI S，LAURI A，ZIEMANN M，et al. ，2009. Nuclear activity of *ROXY1*，a glutaredoxin interacting with TGA factors，is required for petal development in *Arabidopsis thaliana* [J]. Plant Cell，21 (2)：429-441.

LIANG W S，2003. Drought stress increases both cyanogenesis and β-cyanoalanine synthase activity in tobacco [J]. Plant Science，165 (5)：1109-1115.

LIEBEREI R，2007. South American leaf blight of the rubber tree (*Hevea* spp.)：new steps in plant domestication using physiological features and molecular markers [J]. Annals of Botany，100 (6)：1125-1142.

LIU H，DENG Z，CHEN J，et al. ，2016. Genome-wide identification and expression analysis of the metacaspase gene family in *Hevea brasiliensis* [J]. Plant Physiology and Biochemistry，105：90-101.

LIU H，WEI Y，DENG Z，et al. ，2019. Involvement of HbMC1-mediated cell death in tapping panel dryness of rubber tree (*Hevea brasiliensis*) [J]. Tree Physiology，39 (3)：391-403.

LIU H，HU Y，YUAN K，et al. ，2021. Genome-wide identification of lncRNAs，miRNAs，mRNAs，and their regulatory networks involved in tapping panel dryness in rubber tree (*Hevea brasiliensis*) [J]. Tree Physiology，doi：10. 1093/treephys/tpab120.

LIU J P，XIA Z Q，TIAN X Y，et al. ，2015. Transcriptome sequencing and analysis of rubber tree (*Hevea brasiliensis* Muell.) to discover putative genes associated with tapping panel dryness (TPD) [J]. BMC Genomics，16 (1)：398.

LIU J，SHI C，SHI C C，et al. ，2020. The chromosome-based rubber tree genome provides new insights into spurge genome evolution and rubber biosynthesis [J]. Molecular Plant，13 (2)：336-350.

LOVE M I，HUBER W，ANDERS S，2014. Moderated estimation of fold change and dispersion for RNA-seq data with DESeq2 [J]. Genome Biology，15 (12)：550.

LU Y，DENG S，LI Z，et al. ，2019. Competing endogenous RNA networks underlying anatomical and physiological characteristics of poplar wood in acclimation to low nitrogen availability [J]. Plant and Cell Physiology，60 (11)：2478-2495.

MCCONN M，CREELMAN，R A，BELL E，et al. ，1997. Jasmonate is essential for insect defense in *Arabidopsis* [J] . Proceedings of the National Academy of Sciences，94 (10)：5473-5477.

MHAMDI A，VAN BREUSEGEM F，2018. Reactive oxygen species in plant development [J]. Development，145 (15)：dev164376.

MI S，CAI T，HU Y，et al. ，2008. Sorting of small RNAs into *Arabidopsis* argonaute complexes is directed by the $5'$ terminal nucleotide [J]. Cell，133 (1)：116-127.

MONTORO P, WU S, FAVREAU B, et al., 2018. Transcriptome analysis in *Hevea bra-siliensis latex revealed changes in hormone signalling pathways during ethephon stimulation* and consequent Tapping Panel Dryness [J]. Scientific Reports, 8 (1): 8483.

MORAES L A C, MORAES V H, DE F, et al., 2002. Effect of the cyanogenesis on the incompatibility of crow clones of *Hevea spp.* budded onto IPA 1 [J]. Pesquisa Agropecuaria Brasileira, 37 (7): 925-932.

MYDIN K K, JOHN A, MARATTUKALAM J G, et al., 1999. Variability and distribu-tion of tapping panel dryness in *Hevea brasiliensis* [C]. Proceedings of IRRDB Symposium, CATAS, Hainan, China.

NANDRIA D, CHRESTIN H, NOIROT M, et al., 1991. Phloem necrosis of the trunk of the rubber tree in the Ivory coast: 2. Aetiology of the disease [J]. European Journal of Pa-thology, 21 (6-7): 340-353.

NANDRIS D, MOREAU R, PELLEGRIN F, et al., 2005. Rubber tree bark necrosis: ad-vances in symptomatology, etiology, epidemiology and causal factors of a physiological trunk disease [J]. Tropical Agricultural Science and Technology, 28 (3): 1-9.

NANDRIS D, PELLEGRIN F, CHRESTIN H, 2004. No evidence of polymorphism for rubber tree bark necrosis and early symptoms for its discrimination from TPD [C]. Pro-ceedings of IRRDB Symposium, 396–403.

NDAMUKONG I, AL ABDALLAT A, THUROW C, et al., 2007. SA-inducible *Arabi-dopsis* glutaredoxin interacts with TGA factors and suppresses JA-responsive PDF1. 2 tran-scription [J]. Plant Journal, 50 (1): 128-139.

NING X, SUN Y, WANG C, et al., 2018. A rice CPYC-type glutaredoxin *OsGRX20* in protection against bacterial blight, methyl viologen and salt stresses [J]. Frontiers in Plant Science, 9: 111.

NOCTOR G, GOMEZ L, LE N E, et al., 2002. Interactions between biosynthesis, comp-artmentation and transport in the control of glutathione homeostasis and signaling [J]. Journal of Experimental Botany, 53 (372): 1283-1304.

OHNISHI T, GODZA B, WATANABE B, et al., 2012. CYP90A1/CPD, a brassinos-teroid biosynthetic cytochrome P450 of *Arabidopsis*, catalyzes C-3 oxidation [J]. Journal of Biological Chemistry, 287 (37): 31551-31560.

OH S K, KANG H, SHIN D H, et al., 1999. Isolation, characterization, and functional analysis of a novel cDNA clone encoding a small rubber particle protein from *Hevea bra-siliensis* [J]. Journal Biological and Chemistry, 274 (24): 17132-17138.

PAKIANATHAN S W, BOATMAN S G, TAYSUM D H, 1966. Particles aggregation fol-lowing dilution of *Hevea* latex: a possible mechanism for the closure of latex vessel after tapping [J]. Journal of the Rubber Research Institute of Malaysia, 19: 259.

PASSARDI F, COSIO C, PENEL C, et al., 2005. Peroxidases have more functions than a

Swiss army knife [J]. Plant Cell Reports, 24 (15): 255-265.

PELLEGRIN F, DURAN-VILA N, VAN MUNSTER M, et al., 2007. Rubber tree (*Hevea brasiliensis*) trunk phloem necrosis: aetiological investigations failed to confirm any biotic causal agent [J]. Forest Pathology, 37 (1): 9-21.

PENG S Q, WU K X, HUANG G X, et al., 2011. *HbMyb1*, a Myb transcription factor from *Hevea brasiliensis*, suppresses stress induced cell death in transgenic tobacco [J]. Plant Physiology and Biochemistry, 49 (12): 1429-1435.

PEYRARD N, PELLEGRIN F, CHADCEUF J, et al., 2006. Statistical analysis of the spatio-temporal dynamics of rubber tree (*Hevea brasiliensis*) trunk phloem necrosis: no evidence of pathogen transmission [J]. Forest Pathology, 36 (1): 360-371.

PFAFFL M W, 2001. A new mathematical model for relative quantification in real-time RT-PCR [J]. Nucleic Acids Research, 29: e45.

POTTERS G, HOREMANS N, BELLONE S, et al., 2004. Dehydroascorbate influences the plant cell cycle through a glutathione-independent reduction mechanism [J]. plant Physiology, 134 (4): 1479-1487.

PUJADE-RENAUD V, CLEMENT A, PERROT-RECBENMANN C, et al., 1994. Ethylene induced increase in glutamine synthetase activity and mRNA levels in *Hevea brasiliensis* latex cells [J]. Plant Physiology, 105 (1): 127-132.

PUSHPADES M V, 1975. Brown bast and nutrition: a case study [J]. Rubber Board Bull, 12 (3): 83-88.

PUTRANTO R A, HERLINAWATI E, RIO M, et al., 2015. Involvement of ethylene in the latex metabolism and Tapping Panel Dryness of *Hevea brasiliensis* [J]. International Journal of Molecular Science, 16 (8): 17885-17908.

QUIROGA M, GUERRERO C, BOTELLA M A, et al., 2000. A tomato peroxidase involved in the synthesis of lignin and suberin [J]. Plant Physiology, 122 (4): 1119-1127.

RANDS R D, 1921. Brown bast disease of plantation rubber, its cause and prevention [M]. Indie Archief Voor De Rubber Culture in Nederlandsch, 5e Jaargang: 224-275.

RAVAGNAN L, GURBUXANI S, SUSIN S A, et al., 2001. Heat-shock protein 70 antagonizes apoptosis-inducing factor [J]. Nature Cell Biology, 3 (9): 839-843.

RHO S B, LEE J H, PARK M S, et al., 2011. Anti-apoptotic protein TCTP controls the stability of the tumor suppressor p53 [J]. FEBS Letters, 585 (1): 29-35.

ROUHIER N, COUTURIER J, JACQUOT J P, 2006. Genome-wide analysis of plant glutaredoxin systems [J]. Journal of Experimental Botany, 57 (8): 1685-1696.

ROUHIER N, GELHAYE E, JACQUOT J P, 2004. Plant glutaredoxins: Still mysterious reducing systems [J]. Cellular and Molecular Life Science, 61 (11): 1266-1277.

SCHWEIZER J, 1949. Brown bast desease [J]. Archive of Rubber Cultivation, 26: 385.

SEGAL L M, WILSON R A, 2018. Reactive oxygen species metabolism and plant-fungal interactions［J］. Fungal Genetics and Biology，110：1-9.

SHARMA R，PRIYA P，JAIN M，2013. Modified expression of an auxin responsive rice CC-type glutaredoxin gene affects multiple abiotic stress responses［J］. Planta，238（5）：871-884.

SHARPLES A，LAMBOURNE J，1924. Field experiments relating to brown bast disease of *Hevea brasiliensis*［J］. Malayan Agricultural Journal，12：190-343.

SISWANTO，FIRMANSYAH，1989. Attempts to control bark dryness in rubber plants［C］. Proceedings of the IRRDB Work-shop on Tree Dryness，Penang，1990：90-100.

SIVAKUMARAN S，GHANDIMATHI H，HAMZAH Z，et al.，1997. Studies on physiological and nutritional aspects in relation to TPD development in clone PB260［C］. IRRDB Tapping Panel Dryness Workshop，CATAS，Hainan，China.

SIVAKUMARAN S，LEONG S K，GHOUSE M，et al.，1994. Influence of some agronomic practices on tapping panel dryness in *Hevea* trees［C］. // International Rubber Research and Development Board Workshop on Tapping Panel Dryness. Hainan，China：Hainan Press，26.

SOBHANA P，THOMAS M，KRISHNAKUMAR R，et al.，1999. Can there be possible genetic conflicts between genetically divergent rootstock and scion on bud grafted plants?［C］. IRRDB International Symposium，17-20 October Haikou，China.

SONG X，LI Y，CAO X，et al.，2019. MicroRNAs and their regulatory roles in plant-environment interactions［J］. Annual Review of Plant Biology，70：489-525.

SOOKMARK U，PUJADE-RENAUD V，CHRESTIN H，et al.，2002. Characterization of polypeptides accumulated in the latex cytosol of rubber trees affected by the tapping panel dryness syndrome［J］. Plant Cell Physiology，43（11）：1323-1333.

SOYZA A G，1983. The investigation of the occurring rule and distributing pattern of brown bast disease of rubber trees is Siri Lanka［J］. Journal of the Rubber Research Institute of Sri Lanka，61：1-6.

SUN L，LUO H，BU D，et al.，2013. Utilizing sequence intrinsic composition to classify protein-coding and long non-coding transcripts［J］. Nucleic Acids Research，41（17）：e166.

SUVACHITTANONT W，WITITSUWANNAKUL R，1995. 3-Hydroxy-3-methylglutaryl-coenzyme a synthase in *Hevea brasiliensis*［J］. Phytochemistry，40（3）：757-761.

TAFER H，HOFACKER I，2008. RNAplex：a fast tool for RNA-RNA interaction search［J］. Bioinformatics，24（22）：2657-2663.

TANG C，HUANG D，YANG J，et al.，2010. The sucrose transporter HbSUT3 plays an active role in sucrose loading to laticifer and rubber productivity in exploited trees of *Hevea brasiliensis*（para rubber tree）［J］. Plant Cell and Environment，33（10）：1708-1720.

TANG C，QI J，LI H，et al.，2007. A convenient and efficient protocol for isolating high-quality RNA from latex of *Hevea brasiliensis*（para rubber tree）［J］. Journal of Biochemical and Biophysical Methods，70（5）：749-754.

TANG C，YANG M，FANG Y，et al.，2016. The rubber tree genome reveals new insights into rubber production and species adaptation［J］. Nature Plants，2（6）：16073.

TANG Y，QU Z，LEI J，et al.，2021. The long noncoding RNA FRILAIR regulates strawberry fruit ripening by functioning as a noncanonical target mimic［J］. PLoS Genetics，17（3）：e1009461.

TAUSSKY H H，SHORR E A，1953. Microcolorimetric method for the determination of inorganic phosphorus［J］. Journal of Biological Chemistry，202：675-685.

TIAN W M，HAN Y Q，WU J L，et al.，2003. Fluctuation of microfibrillar protein level in lutoids of primary laticifers in relation to the 67 kD storage protein in *Hevea brasiliensis*［J］. Acta Botanica Sinica，45（2）：127-130.

TONG H，CHU C. 2018. Functional specificities of brassinosteroid and potential utilization for crop improvement［J］. Trends in Plant Science，23（11）：1016-1028.

UNCHERA S，VALéRIE P R，HERVé C，et al.，2002. Characterization of polypeptides accumulated in the latex cytosol of rubber trees affected by the tapping panel dryness syndrome［J］. Plant Cell Physiology，43（11）：1323-1333.

USHA NAIR N，2004. Tapping panel dryness survey in small holdings in India：a report［C］. Proceedings of IRRDB Symposium，404-406.

VENKATACHALAM P，GEETHA N，PRIYA P，et al.，2010. Identification of a differentially expressed thymidine kinase gene related to tapping panel dryness syndrome in the rubber tree（*Hevea brasiliensis* Muell. Arg.）by random amplified polymorphic DNA screening［J］. International Journal of Plant Biological Sciences，1（1）：e7.

VENKATACHALAM P，THULASEEDHARAN A，RAGHOTHAMA K，2009. Molecular identification and characterization of a gene associated with the onset of Tapping Panel Dryness（TPD）syndrome in rubber tree（*Hevea brasiliensis* Muell.）by mRNA differential display［J］. Molecular Biotechnology，41（1）：42-52.

VENKATACHALAM P，THULASEEDHARAN A，RAGHOTHAMA K，2007. Identification of expression profiles of tapping panel dryness（TPD）associated genes from the latex of rubber tree（*Hevea brasiliensis* Muell. Arg.）［J］. Planta，226：498-2215.

VETTER J，2000. Plant cyanogenic glycosides［J］. Toxicon，38（1）：11-36.

WALLY O，PUNJA Z K，2010. Enhanced disease resistance in transgenic carrot（*Daucus carota* L.）plants over-expressing a rice cationic peroxidase［J］. Planta，232（5）：1229-1239.

WANG J，XU M，LI Z，et al.，2018. Tamarix microRNA profiling reveals new insight into salt tolerance［J］. Forests，9（4）：180.

WANG L F，2014. Physiological and molecular responses to drought stress in rubber tree（*Hevea brasiliensis* Muell. Arg.）［J］. Plant Physiology and Biochemistry，83：243-249.

WANG L F，2014. Physiological and molecular responses to variation of light intensity in rubber tree（*Hevea brasiliensis* Muell. Arg.）[J]. PLoS One，9（2）：e89514.

WANG L F，WANG J K，AN F，et al.，2016. Molecular cloning and characterization of a stress responsive peroxidase gene *HbPRX42* from rubber tree [J]. Brazil Journal Botany，39（2）：475-483.

WANG X，WANG D，SUN Y，et al.，2015. Comprehensive proteomics analysis of laticifer latex reveals new insights into ethylene stimulation of natural rubber production [J]. Scientific Reports，5：13778.

WANG Y，FENG C，ZHAI Z，et al.，2020. The apple *microR171i-SCARECROW-LIKE PROTEINS 26. 1* module enhances drought stress tolerance by integrating ascorbic acid metabolism [J]. Plant Physiology，184（1）：194-211.

WAN P，WU J，ZHOU Y，et al.，2011. Computational analysis of drought stress-associated miRNAs and miRNA co-regulation network in *Physcomitrella patens* [J]. Genomics，Proteomics & Bioinformatics，9（1-2）：37-44.

WOOD D F，CORNISH K，2000. Microstructure of purified rubber particles [J]. International Journal of Plant Sciences，161（3）：435-445.

WU F，SHU J，JIN W，2014. Identification and validation of miRNAs associated with the resistance of maize（*Zea mays* L.）to *Exserohilum turcicum* [J]. PLoS One，9（1）：e87251.

WU H J，WANG Z M，WANG M，et al.，2013. Widespread long noncoding RNAs as endogenous target mimics for microRNAs in plants [J]. Plant Physiology，161（4）：1875-1884.

WU J L，HAO B J，1994. Ultrastructure observations of brown bast in *Hevea brasiliensis* [J]. Indian Journal of Natural Rubber Research，7（2）：95-102.

WU J L，TAN H Y，TIAN W M，et al.，1997. Tapping panel dryness related to root wound in *Hevea brasiliensis*：macroscopic，microscopic and electron-microscopic observations [C]. IRRDB International Symposium，Danzhou，China

WU，Q Y，LIN J，LIU J Z，et al.，2012. Ectopic expression of *Arabidopsis* glutaredoxin *At-GRXS17* enhances thermotolerance in tomato [J]. Plant Biotechnology Journal，10（8）：945-955.

WU Y，GUO J，WANG T，et al.，2019. Transcriptional profiling of long noncoding RNAs associated with leaf-color mutation in *Ginkgo biloba* L [J]. BMC Plant Biology，19（1）：527.

WU Y，WEI B，LIU H，et al.，2011. MiRPara：a SVM-based software tool for prediction of most probable microRNA coding regions in genome scale sequences [J]. BMC Bioinformatics，12：107.

WYCHERLEY P R，1975. *Hevea*：long flow，adverse partition and storm losses [J]. The Planter，51（586）：6-13.

XING S，ROSSO M G，ZACHGO S，2005. ROXY1，a member of the plant glutaredoxin family, is required for petal development in *Arabidopsis thaliana* [J]. Development, 132 (7): 1555-1565.

XING S, ZACHGO S, 2008. ROXY1 and ROXY2, two *Arabidopsis* glutaredoxin genes, are required for anther development [J]. Plant Journal, 53 (5): 790-801.

YANG S Q, MO Y Y, LI Y, et al., 1997. Onset and development process of whole-cut dryness and physiological expression [C]. IRRDB Tapping Panel Dryness Workshop, CA-TAS, Hainan, China.

YANG F, BUI H T, PAUTLER M, et al., 2015. A maize glutaredoxin gene, *Abphyl2*, regulates shoot meristem size and phyllotaxy [J]. Plant Cell, 27 (1): 121-131.

YANG T, MA H, ZHANG J, et al., 2019. Systematic identification of long noncoding RNAs expressed during light-induced anthocyanin accumulation in apple fruit [J]. Plant Journal, 100 (3): 572-590.

YAN T, YOO D, BERARDINI T Z, et al., 2005. PatMatch: a program for finding patterns in peptide and nucleotide sequences [J]. Nucleic Acids Research, 33: W262-W266.

YI X, ZHANG Z, LING Y, et al., 2015. PNRD: a plant non-coding RNA database [J]. Nucleic Acids Research, 43: D982-D989.

YUAN K, GUO X, FENG C, et al., 2019. Identification and analysis of a CPYC-type glutaredoxin associated with stress response in rubber trees [J]. Forests, 10 (2): 158.

YUAN Z, ZHANG D, 2015. Roles of jasmonate signalling in plant inflorescence and flower development [J]. Current Opinion in Plant Biology, 27: 44-51.

YU D, LI L, WEI H, et al., 2020a. Identification and profiling of microRNAs and differentially expressed genes during anther development between a genetic male-sterile mutant and its wildtype cotton via high-throughput RNA sequencing [J]. Molecular Genetics and Genomics, 295 (3): 645-660.

YU L L, LIU Y, LIU C J, et al., 2020c. Overexpressed β-cyanoalanine synthase functions with alternative oxidase to improve tobacco resistance to salt stress by alleviating oxidative damage [J]. FEBS Letters, 594 (8): 1284-1295.

YU Y, YUCHAN Z, XUEMEI C, et al., 2019. Plant noncoding RNAs: hidden players in development and stress responses [J]. Annual Review of Cell and Developmental Biology, 35: 407-431.

YU Y, ZHOU Y F, FENG Y Z, et al., 2020b. Transcriptional landscape of pathogen-responsive lncRNAs in rice unveils the role of ALEX1 in jasmonate pathway and disease resistance [J]. Plant Biotechnology Journal, 18 (3): 679-690.

ZAGROBELNY M, BAK S, MØLLER B L, 2008. Cyanogenesis in plants and arthropods [J]. Phytochemistry, 69 (7): 1457-1468.

ZENG R Z, DUAN C F, LI X Y, et al., 2009. Vacuolar-type inorganic pyrophosphatase located on the rubber particle in the latex is an essential enzyme in regulation of the rubber biosynthesis in *Hevea brasiliensis* [J]. Plant Science, 176 (5): 602-607.

ZHANG L, WANG M, LI N, et al. , 2018. Long noncoding RNAs involve in resistance to *Verticillium dahliae*, a fungal disease in cotton [J]. Plant Biotechnology Journal, 16 (6): 1172-1185.

ZHANG Y, LECLERCQ J, MONTORO P, 2017. Reactive oxygen species in *Hevea brasiliensis* latex and relevance to Tapping Panel Dryness [J]. Tree Physiology, 37 (2): 261-269.

ZHANG Y, LECLERCQ J, WU S, et al. , 2019. Genome-wide analysis in *Hevea brasiliensis* laticifers revealed species-specific post-transcriptional regulations of several redox-related genes [J]. Scientific Reports, 9 (1): 5701.

ZHAO X, LI J, LIAN B, et al. , 2018. Global identification of *Arabidopsis* lncRNAs reveals the regulation of *MAF4* by a natural antisense RNA [J]. Nature Communications, 9 (1): 5056.

ZHOU L, LIU Y, LIU Z, et al. , 2010. Genome-wide identification and analysis of drought-responsive microRNAs in *Oryza sativa* [J]. Journal of Experimental Botany, 61 (15): 4157-4168.

ZHU J, ZHANG Q, WU R, et al. , 2010. *HbMT2*, an ethephon-induced metallothionein gene from *Hevea brasiliensis* responds to H_2O_2 stress [J]. Plant Physiology and Biochemistry, 48 (8): 710-715.

附　　录

附录一　橡胶树死皮分级标准

根据死皮长度，将橡胶树死皮分为 5 个级别，健康树为 0 级；死皮长度小于 2 cm 为 1 级；死皮长度为 2 cm 至割线长的 1/4 为 2 级；死皮长度占割线长的 1/4～2/4 为 3 级；死皮长度占割线长的 2/4～3/4 为 4 级；死皮长度占割线长的 3/4～全线为 5 级。

死皮等级	各级代表值	分级标准
0 级	0	割线排胶正常
1 级	1	死皮长度小于 2 cm
2 级	2	死皮长度为 2 cm 至割线长的 1/4
3 级	3	死皮长度占割线长的 1/4～2/4
4 级	4	死皮长度占割线长的 2/4～3/4
5 级	5	死皮长度占割线长的 3/4～全线

附录二　典型死皮症状照片

健康树

内缩（外无）

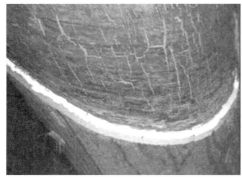

缓慢排胶

中无

点状排胶

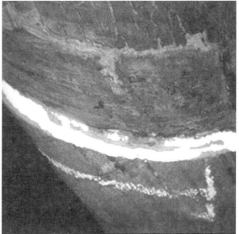

内无（外排）

局部无胶　　　　　　　　　　　　全线不排胶

附录三 调研表格

表1 _____农场橡胶树死皮现状调查任务与完成情况一览表

任务序号	具体任务	计划完成时间	实际完成情况	备注
1	咨询生产管理部门，了解橡胶树死皮现状和引起死皮的可能原因，以及现有防治措施			
2	收集农场的死皮相关资料（不同品种的死皮率、死皮停割率、死皮防治效果等）			
3	按照方案要求选择待调查的样本树位，并将各树位的分布情况集中填写于表2			
4	收集待调查林段/树位的基本情况，并将相关信息填写于表3			
5	实地调查，将调研结果填写于表4（与表3对应）			
6	走访胶工，了解引起死皮的可能原因和较理想的防治措施			
7	叶片和土壤样品采集			
8	低死皮率树位/林段/农场的实地深入调查以及相关抚管措施等信息的收集			
9	长期定位观测点的落实（各观测点的负责人、具体任务与要求、联系方式等）			

注：（1）对每一项调查任务，尽可能收集较完整的资料，或做详细的文字记录；
（2）收集有应用前景的橡胶树品种的死皮相关资料和典型数据；
（3）此表同样适用于民营胶园的死皮现状调研。

表 2 ＿＿＿＿＿农场橡胶树死皮现状调查样本树位分布一览表

调查日期： 年 月 日

主栽品种	割龄	树位地点		
		树位 1	树位 2	树位 3
	≤3 年			
	4～5 年			
	6～10 年			
	11～15 年			
	≥16 年			
	≤3 年			
	4～5 年			
	6～10 年			
	11～15 年			
	≥16 年			

注：（1）选择树位时，需考虑不同割制；

（2）表中"地点"指调查树位所在生产队、林段号和树位号。

表3 定点调查树位信息表

地点：＿＿＿＿农场＿＿＿＿队 林段号＿＿＿＿树位号＿＿＿＿＿＿ 调查株数：＿＿＿＿＿＿

调查人员：＿＿＿＿＿＿＿＿＿ 调查日期：＿＿＿＿年＿＿＿月＿＿＿日

品种		
定植年度		
定植规格		
立地环境		
树龄		
割龄		
主要割制		
胶工等级		
刺激剂（记"√"）	剂型	1. 糊剂　　2. 水剂
	浓度	0.5%　1%　1.5%　2%　2.5%　3%　3.5%　4%及以上
	来源	1. 购买　　2. 自己配制
化肥	种类	
	数量（kg/株）	
	施用方式	
有机肥	种类	
	数量（kg/株）	
	施用方式	
压青	种类	
	数量（kg/株）	
	施用方式	
土壤类型		
树位年产量		
风、寒害情况		
死皮率		
死皮停割率		
死皮防治措施		
叶片样品编号		
0～20 cm 土样编号		
21～40 cm 土样编号		

表 4 定点调查树位逐株记录表

植株编号	死皮类型	割线长度	死皮长度	产胶疲劳症状		备注
				排胶缓慢	内缩	

表5 面上调查树位信息表

地点：_____农场_____队 林段号_____树位号_____　　　　调查株数：_____
调查人员：_____　　　　　　　　　　　　　　　调查日期：_____年___月___日

品种		
定植年度		
定植规格		
立地环境		
树龄		
割龄		
主要割制		
胶工等级		
刺激剂（记"√"）	剂型	1. 糊剂　　2. 水剂
	浓度	0.5％　1％　1.5％　2％　2.5％　3％　3.5％　4％及以上
	来源	1. 购买　　2. 自己配制
化肥	种类	
	数量（kg/株）	
	施用方式	
有机肥	种类	
	数量（kg/株）	
	施用方式	
压青	种类	
	数量（kg/株）	
	施用方式	
土壤类型		
树位年产量		
风、寒害情况		
死皮率		
死皮停割率		
死皮防治措施		
叶片样品编号		
0～20 cm 土样编号		
21～40 cm 土样编号		

表 6　面上调查树位逐株记录表

植株编号	死皮症状	死皮类型	备注

表7 橡胶树死皮类型、死皮率和死皮指数汇总表

农场_____ 品系_____ 调查总株数_____ 调查日期_____

割龄	死皮类型	各级死皮植株数及死皮率								
		0	1	2	3	4	5	死皮率	停割/4、5级死皮率	死皮指数
≤3年										
4～5年										
6～10年										
11～15年										
≥16年										

致　　谢

感谢国家天然橡胶产业技术体系（CARS-33-ZP1）、中央级公益性科研院所基本科研业务费专项资金（1630022020010、1630022019012、1630022021013）、海南省重点研发计划科技合作项目（ZDYD2019220）、海南省自然科学基金（319QN320、320RC732）、中央财政林业科技推广示范资金（琼［2021］TG06号）等项目对相关研究的经费支持。

感谢国家天然橡胶产业技术体系各岗位与试验站在技术研发、试验与示范过程中给予的坚定支持，感谢中国热带农业科学院橡胶研究所领导、各职能部门和兄弟课题组对橡胶树死皮研究的关心、鼓励与帮助，感谢中国热带农业科学院试验场为我们提供试验场地。

感谢海南天然橡胶产业集团股份有限公司、云南天然橡胶产业集团有限公司、广东省农垦总局、勐腊县橡胶技术推广站、景洪市经济作物工作站、耿马县地方产业发展办公室等单位在橡胶树死皮调研、技术研发与示范过程中给予的鼎力协助。

特别要感谢国家天然橡胶产业技术体系首席科学家黄华孙与栽培生理岗位科学家谢贵水过去十多年的理解与宽容，感谢体系东方、琼中、万宁、红河、湛江、西双版纳、茂名与德宏等综合试验站专家与成员在技术示范过程中坚持与信任，感谢杨礼富与我们始终站在一起，感谢吴继林、郝秉中、林位夫、林钊沐、陈慕容与吴嘉涟等老一代专家的严谨工作与无私奉献，感谢陈邦乾、田维敏、曾日中、曾霞、茶正早与安锋等专家的建议与帮助，感谢试验场六队干部和胶工多年来对我们的真诚与包容，感谢沈希通在云南进行技术示范推广过程中的执着与付出，感谢与我们一起成长的所有同事、研究生。

最后，感谢在我们成长过程中给予过帮助、理解与支持的所有朋友，希望大家能在今后一如既往地关注和关心我们。

后　记

　　橡胶树死皮是一种复杂的生理综合症，素有"橡胶树癌症"之称。其发生率高，危害严重，防治困难，一直是世界性的难题。自一百多年前发现橡胶树死皮以来，人们不断研究和探索死皮的起因、发生机理及防治方法。但迄今为止，橡胶树死皮发生机制仍不十分清楚，更缺乏高效的预防和治疗死皮的方法。作者团队自2007年起开展橡胶树死皮发生机理与防治技术的研究，经过十多年的不懈努力和持续探索，在橡胶树死皮发生的细胞学、生理学、分子生物学及防治技术上取得了阶段性的成果。以此为核心，我们编写了本书。书中既详细介绍了作者团队的研究成果，也系统总结了国内外专家在橡胶树死皮方面的研究进展。希望本书的出版能够为橡胶树死皮的研究及其防治提供一本比较系统全面的参考书籍，促进我国天然橡胶产业的持续健康发展。

　　我们现在对于橡胶树死皮的了解还只是冰山一角，距离彻底揭开橡胶树死皮的面纱、攻克死皮难题依然任重道远。尽管我们系统分析了橡胶树死皮发生后胶乳生理的变化，对死皮发生的生理机制有了一定的认识，但仍不清楚是这些生理指标的改变导致了死皮的发生还是死皮的发生引起了这些生理指标的改变。它们之间到底有着怎样的因果关系，哪些生理指标与死皮直接相关，可作为橡胶树死皮发生的预警或诊断指标仍有待进一步明确。通过比较转录组学和蛋白质组学等分析，鉴定了大量与橡胶树死皮相关的基因和蛋白质，但如何发掘调控死皮的关键基因仍缺乏有效的技术手段。此外，由于橡胶树遗传转化体系不成熟以及死皮的特殊性，目前仍很难对这些死皮相关基因进行功能验证，直接证明其在死皮中的功能。天然橡胶生物合成属于类异戊二烯次生代谢途径。研究表明，橡胶树死皮发生后代谢与次生代谢均发生了明显变化，磷酸化和泛素化等翻译后修饰也与死皮密切相关。但目前仍不清楚具体哪些代谢物发生了改变，以及哪些关键位点发生了修饰。后续应进一步开展橡胶树死皮代谢组学及各种修饰组学的研究，并通过多组学联合分析，全面系统探究死皮发生的机理。

　　前期对于橡胶树死皮的研究多为静态的，通常是比较某一时间点上死皮与健康植株间的差异，缺乏长期系统的动态跟踪观测。橡胶树由正常转而发生死皮，并进一步发展恶化，这期间到底发生着怎样的变化，转换的关键点是什么，需要长期、持续的跟踪观测以及更为精细、系统深入的研究。此外，前期的研究主要针对死皮发生阶段，对死皮恢复机理的研究明显不足。死皮恢复机理的解析是治疗橡胶树死皮的前提基础，今后应进一步加强。橡胶树死皮发生与恢复是一相反的过程，健康到死皮、死皮到恢复是很好的互补研究系统，比较这两个过程中相关因子的变化规律，或许能排除干扰，发掘鉴定调控死皮的关键因子。我们初步建立了橡胶树死皮诱发与恢复试验系统，后续希望通过进一步地优化、完善，能够创建橡胶树死皮研究技术体系，从而推动橡胶树死皮发生与恢复机制的研究。

　　鉴于橡胶树死皮的严重危害，生产上亟需高效的橡胶树死皮防治产品与技术。多年来，研究者先后发明了多种橡胶树死皮防治的药剂和技术方法，但真正在生产中推广应用的极少。我们团队经过多年探索及不断完善优化，研发了死皮康系列产品，建立了橡胶树死皮康复综合技术，并在三大主要植胶区推广应用。该技术对轻度死皮的恢复率达70%以上，但对重度死皮的恢复率仅40—50%，后续仍需不断优化升级，以进一步提高对重度死皮的治疗效果。同时，这也提示我们，对于橡胶树死皮的治疗应尽早，以达到更好的恢复效果。此外，生产中普遍存在"重治疗、轻预防"的误区，即在出现严重死皮时，才开始想方设法去治疗，却忽视了"预防为主，防治结合"的防治原则。希望广大胶农和农场管理者今后更注重对橡胶树死皮的预防工作，加强胶园肥水等树体养护管理，采用合理的割胶制度，避免通过强割强刺激等方式片面追求短期产量的提升，而导致死皮的发生。除此之外，还应辅以施用专门的橡胶树死皮预防药剂，以进一步降低死皮的发生，但目前市场上还没有专门用于橡胶树死皮预防的产品。后续应加快橡胶树死皮预防产品与技术的研发，以便将橡胶树死皮扼杀在源头。

　　希望本书的出版，能够引起广大天然橡胶从业者对橡胶树死皮的重视，帮助大家树立"预防为主，防治结合，早防早治，综合防治"的橡胶树死皮防治原则。橡胶树死皮的发生极其复杂，要达到理想的防治效果难度也

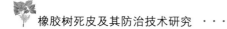

非常大，后续还有大量难点需要攻克。也希望本书的出版能起到抛砖引玉的作用，引起更多专家、学者对橡胶树死皮研究的兴趣，推动橡胶树死皮的研究。本书只是阶段性研究工作的梳理总结，还存在不足和疏漏之处，敬请广大读者和专家批评指正。

作　者

2021 年 11 月